小谷太郎



# 物理の4大定数

宇宙を支配するc、G、e、h

GS
幻冬舎新書
659

## まえがき

物理定数とは何でしょうか。

多くの人にとって、物理定数とは科学の授業に登場して、苦労して覚えた数値かもしれません。（そしておそらく試験が終わった瞬間に忘れられ、その人の人生から退場します。）

そんな言葉知らなかった、とおっしゃるかたにも時おり遭遇します。（存在そのものを抹消したようです。）

一方、日常生活でしょっちゅう使うでしょ？　と、答える人々もいます。音速を使って、夜空に咲く花火の距離を求めたり、重力加速度を使って、ジェット・コースターの速度を求めたりする人種です。（そして聞かれてもいないのに、計算方法を説明し始めます。）

物理定数は、日常から宇宙の彼方までのあらゆる現象を支配する法則が、数値となって現われたものです。この世界をこのような姿に形作っている礎《いしずえ》といえます。

したがって物理定数はまた、人類がこの宇宙を読み解くためのキーワードでもあります。人類は物理定数の意味をあれこれ考え、その値を測るうちに、宇宙がどうしてこうなっているのか、だんだん理解したのです。

例えば「光速c」は1秒に地球を7周半する猛烈な速さを表わす物理定数です。この定数の特筆すべき点は、これを追い抜くことはどんな物にもどんな機械にもできないことです。光速が宇宙の制限速度であることは「相対性理論」という物理学理論から導かれます。

例えば「重力定数G」は大変弱々しい物理定数で、そのため重力の効果は地球のように巨大な質量でないとなかなか気づきません。けれども地球なんか比べものにならない巨大な質量がごろごろ浮いているのが宇宙というところで、そういうモンスターの重力は時間を縮め空間を引き伸ばし、光線をもぐにゃぐにゃ曲げるのです。

また例えば「電子の電荷の大きさe」は、電気現象を引き起こす電子という微小な粒の電気的な性質を示します。電気現象といえば、ぱちっといったりびりっとしたり悪戯《いたずら》するかと思えば、御飯を炊いたり掃除をして回ったり、多彩すぎるほどの活躍ぶりですが、あれは全部電子（と陽子）の働きだといいます。そして電子とはまた人類が見つけた最初の「素粒子」であり、eは素粒子の一族について知る手がかりなのです。

「プランク定数h」は謎めいた物理定数です。この定数と出会った人類は、その正体が何であるか悩むうちに、量子力学という物理学を作り上げます。量子力学は原子や電子といったミクロな物体の振る舞いを解き明かし、レーザーや原子力や電子工学等々の、現代社会を支える科学技術を全部生みだします。そのうえさらに、宇宙の始まりをも説明するだろうと期待されています。その日が来るまで、人類はプランク定数の正体について悩み続けるでしょう。

この４個の物理定数を理解するには、相対性理論から素粒子物理学まで、人類がこれまでに得た宇宙についての知識が全部必要です。つまり、この４大定数を解説することによって、宇宙についての知識を全部伝えられるはず、というのが本書の動機です。

ところで物理定数は人類がそれを理解しようがしまいが全く影響されない存在で、それゆえ人間について全然触れずに物理定数について語り続けることは可能です。

しかし宇宙とその法則を解き明かす人間の営みは、私たちがはなはだ関心を持つところのものでもあります。

物理定数にまつわるそうした人間の姿も、回想するのが本書の方針です。

激動の時代に生まれ、また時代を動かす立役者でもあった天才アインシュタインの意外な素顔や、凧上げの実験で知られる理知の人フランクリンの痛恨の「ミス」、「マッド・サイエンティスト」キャベンディッシュの愛すべき奇行などにも、合間合間に触れていくことにしましょう。

ではこれから物理定数を手がかりに、この宇宙がどのようにできているか、それを人間はどうやって見つけてきたか、お話ししましょう。

物理定数について予習していなくてもお読みいただける平易な説明を心掛けますが、物理や定数を愛してやまないかたにも新しい発見があるものと思います。

## 物理の４大定数　目次

本文イラスト|著者
DTP|美創

# 第1章 光速cで
# 特殊相対性理論がわかる

## 宇宙のどこで測っても変わらない量

さて、物理定数とは何か、これからこの本まるごと1冊を使って説明していくわけですが、まず第一に挙げられる物理定数の性質は、宇宙のどこに行っても、誰が測っても、変わらない量だということです。そういう量を物理定数と呼ぶのです。

最初に取り上げるのは、光速、つまり光の速さです。しばしばcという記号で表わされます。

光速は、この本で紹介する四つの物理定数のうち、人類が最初に認識したものといえるでしょう。その測定の試みも古くからあります。もっとも、光は極めて速く、簡単に測れるものではありませんでしたが。

初期の素朴で誤差の大きな測定から、次第に工夫が進み、測定精度が上がると、光速の不可解な性質が明らかになりました。測定装置が止まって測っても動きながら測っても光速は変わらないのです。いったいどういうことでしょう。誰もが頭をかきむしりました。

実はこれは、光速不変という宇宙の基本原理の現われでした。この原理を基に、アインシュタインは特殊相対性理論に到達します。それは時間と空間の見方を一変する革新的な物理学理論でした。

光速は物理定数の一つです。

つまり、光速は宇宙のどこに行っても、誰が測っても、変わりません。

といっても、人類はロケットに乗って月へ行ったことがあるきりです。人類が送り出した探査機も、太陽系という宇宙の片隅をうろうろしているに過ぎません。広大な宇宙のほとんどは未踏なのに、どうしてそこでの光速が変わらないといえるのでしょう。

実は宇宙から届く光を望遠鏡で観察すると、宇宙のどこでも光速が変わらないことがわかります。

もしも宇宙空間のどこかに、光速の異なる領域があったなら、そこで何が起きるでしょうか。

そこでは興味深い現象がさまざま起きるのですが、まず一目でわかるのは、そこで光線が曲がったり屈折したりすることです。

もしも光速の異なる領域が宇宙にあれば、あたかも水を満たしたガラスのコップが景色や人物像を奇妙に歪めるように、そこの天体はねじ曲がったりひねくれたりして見えるでしょう。

そういう天体像が存在するかどうかを、望遠鏡で調べると、宇宙空間に光速の異なる領域があるかどうかがわかるのです。

（あまり混乱させたくありませんが、実は宇宙には、重力の効果で光線が曲がって天体像がねじ曲がったりひねくれたりしているところがあります。が、ここではまず光速が宇宙に普遍の物理定数であることを説明しましょう。）

このような天体現象の観察から、宇宙のどこでも、何万光年も何億光年も離れた遠方でも、光速は同じとわかります。

残念ながら、人類はこれまで宇宙人と会ったことはありませんが、広い宇宙のどこかに住んでいる宇宙人も、天体現象を観測して、やはり「光速は宇宙のどこに行っても同じ」と結論しているでしょう。

つまり、光速は誰が測っても同じなのです。

(もしも宇宙人と会話する日が来たら、通じる言語が必要になります。まず第一歩として、両者ともに知っているものを指して、それをどう表現するか、教えあうことになるでしょう。宇宙のどこでも誰が測っても同じ光速は、確実にその共通の語彙《ごい》として使われるはずです。本書で取り上げる、重力定数や電子の電荷の大きさなどの基礎物理定数は、どれも会話に必要な基礎単語となるでしょう。)

## 4大定数は「偉い」物理定数

と、ここまでは、物理定数は宇宙のどこに行っても変わらないことの説明なのですが、実は「物理定数」という言葉は、世の中でそこまで厳密に用いられているわけでもなくて、時と場所によって値の変わる量であっても物理定数と呼ぶこともあります。

例えば卵を手にとって落とすと、重力にしたがって落下し、床の掃除が必要になります。手から離れた時点の落下速度はゼロですが、落下速度はみる間に増し、床に接触する時点では3 m/s ほどの速さになります。この落下速度の増え方を「重力加速度」といいますが、これも物理定数の一つとみなすこともあります。

重力加速度は北極と赤道で値が異なります。北極で卵を落とすと、赤道で落とす場合よりもちょっぴり大きな加速度で落下し、そのため床の掃除はちょっぴり余計に手間がかかります。また火星や月に出かけていって卵を落としても、違う重力加速度で落下します。月の重力加速度は地球のおよそ6分の1、火星ではおよそ3分の1です。重力加速度は宇宙のどこでも同じ量ではありません。

宇宙のどこに行っても本当に変わらない物理定数を「基礎物理定数」と呼んで、重力加速度のような、地方によって違う物理定数と区別することがあります。基礎物理定数は、真に基本的で重要な、いわば「偉い」物理定数です。

光速や重力定数など、これから紹介する物理定数はどれも基礎物理定数です。以後、特に断らない限り、本書で物理定数といえば基礎物理定数を指すこととします。

## 光速cは親切にもほぼ30万km/s

光速cは299792458 m/sです。つまり、1秒に29万9792 kmと458 m飛びます。

偶然ですが、これは30万というキリのいい値に非常に近いです。光速を30万km/sと近似して計算しても、0.07%しかずれません。

光速を用いる計算をしなければならなくなることは、日常生活でしばしばありますが（ありませんか？）、このキリのよさのため、暗算したり概算したりするのが大変楽です。これは人間に対する宇宙の親切の一つといえるでしょう。（他の親切の例には、地球の重力加速度〈ほぼ10 m/s$^2$〉、地球の大気圧〈ほぼ10万 Pa《パスカル》〉、地球の軌道長半径〈ほぼ1億5000万 km〉などがあります。軌道長半径については2ページ後に解説します。）

光速は大変速く、日常生活でその速度を体感することは無理です。知覚できないほど速いため、光源から対象まで、時間経過ゼロで届くように感じられます。

光の話をする際にしばしば引き合いに出される音は、光と同様に波の一種で、波長を持ち、「音速」で空気中を伝わっていきます。

しかし音速は約340 m/sというのろさなので、日常生活でもしばしばその遅さを体感できます。

例えば、夜空に咲く花火は、爆発が見えてから数秒後にドンという音が響きます。

また、太鼓を叩けば音が響きますが、数十 m も離れれば、叩くのが見えてから一瞬遅れて音が聞こえます。

このような観察から、音に速さがあることは明らかです。音が遅れて届くことを利用して、音速を測定できます。

## 人間の運動神経では光速を測れない

けれども光の到達時間はこのような手法では測れません。

例えば、失敗に終わった光速測定の一つに、近代科学の父ガリレオ・ガリレイ（1564-1642）が1638年刊の著書『新科学対話』の中で述べている実験があります。

0 この実験は、夜に二人の実験者が数km離れて行ないます。二人は、光をオン・オフできるようなランタンを持っています。
1 まず、一人がランタンをオンにし、光を放ちます。
2 もう一人は、相手の光を目にした瞬間に自分のランタンをオンにします。
3 すると、最初の実験者は、自分がオンにしてから相手の光を見るまでの時間を測ることによって、光速を測定できるという原理です。

しかし両者の距離を3 kmとして、光速は約30万km/sなので、これを往復するのに10万分の2秒しか要しません。10万分の2秒というと、人類最速の短距離走者でも0.2 mmしか移動できません。仮に実験者が人類最高レベルの運動神経を持っていたとしても、ランタンの光をオンにするシャッターかスイッチを0.2 mmしか動かせません。この実験がうまく行かなかったのは無理もありません。

光が1秒に走る約30万kmという長さは、地球の7周半に相当します。

地球の子午線《しごせん》の半分の長さ、つまり北極から赤道を通過して南極にいたる旅路は、2万kmというキリのいい値に非常に近いです。

これは地球の親切や偶然ではなく、メートル法が制定された際、「1 mは地球の子午線の4分の1の長さの

図1-1 光は1秒に地球を7周半

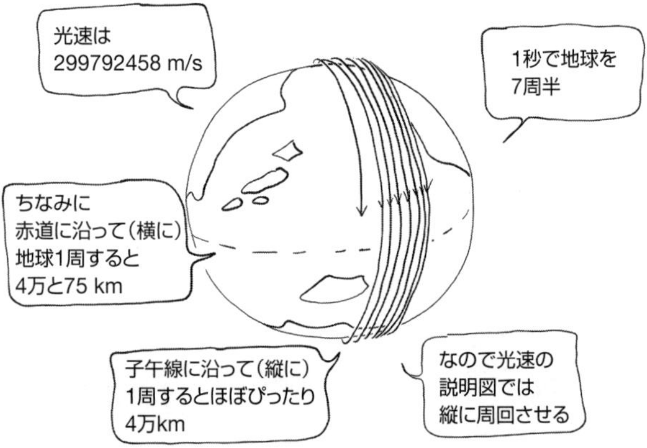


1000万分の1」と定義されたためです。このように定義すると、北極と南極を通る地球1周はきっかり4万kmとなります。7周半で30万kmです。

## 光速cは時間を空間に翻訳する

1秒で地球を7周半する速さの光は、月まで行くのに1.28秒かかります。

宇宙において、月は地球に最も近い天体です。光が届くのに月まで1.28秒かかるなら、他の天体まで光が届くにはどれほどかかるでしょうか。

まず太陽はどうでしょう。

地球の「軌道長半径」、つまり太陽と地球の距離は1億4959万7870.7 kmで、ほぼ1億5000万kmです。

キリのいい値に近いのは、先ほど述べたように宇宙の気まぐれな親切によります。

太陽から地球まで光が届くには499秒かかります。これもまた宇宙の親切の働きで、偶然500秒に近い大変キリのいい数字となっています。

これが意味するのは、あたりに降り注ぐ日光は500秒前に太陽を出発した光だということです。今見えているあの太陽の姿は500秒前の姿です。

もしも、何らかの宇宙的災害によって太陽が前ぶれなく消失したとしても、私たちは500秒間はそれに気づきません。また、太陽が地球におよぼす重力も500秒は変化しないので、地球はその間、太陽が存在しているかのように、太陽を周回する軌道を動き続けます。

その500秒後、すなわち8分20秒後、地球は突然夜になるとともに、宇宙空間を（ほぼ）等速直線運動し始めるでしょう。

太陽と地球の距離は光で500秒です。これを「500光秒」と表わすことにしましょう。

## 不動産業界と似ている、光速の使い道

火星は太陽に近い方から4番目の惑星で、その軌道長半径は約2億2794万kmです。

このような大きな数は直観的に把握するのが難しいですが、光秒だとうまいこと桁が小さくなります。火星の軌道長半径は760光秒です。太陽がもしも突然消失したとすると、地球の住民が異変に気づいてから260秒後、すなわち4分20秒ほど経って、火星でこれに気づきます。

太陽を周回する天体は全て太陽系の一員です。地球や火星のような惑星は8天体ありますが、この他にも小惑星や彗星など無数の小天体が太陽系に属します。中には火星よりも海王星よりも遥か彼方の太陽系辺境をうろうろしているものもあります。

2022年現在、知られている中で最も軌道長半径の大きな天体は「2015 TG387」です。

このちっぽけな石くれは、楕円軌道を描いて太陽を周回し、太陽から1780億km以上離れます。これは光で約7日の距離です。2015 TG387の住人は、(太陽から遠ざかる季節の時に) 突然太陽が消失しても、約1週間はそれに気づきません。

2015 TG387は太陽から「7光日」の距離といえます。

こうしてみると、

・太陽系は広いなあ
・距離は、光が走る時間で表わせるのだなあ

ということが実感できるでしょうか。

これが光速の重要な利用法の一つ、「距離を時間で表わす」です。

これは、建物の位置を「駅から歩いて5分」と表わすのと同じ発想です。不動産業界は光速ではなく歩く速度(80 m/分) を使っています。

**図1-2 太陽系内天体の軌道長半径**

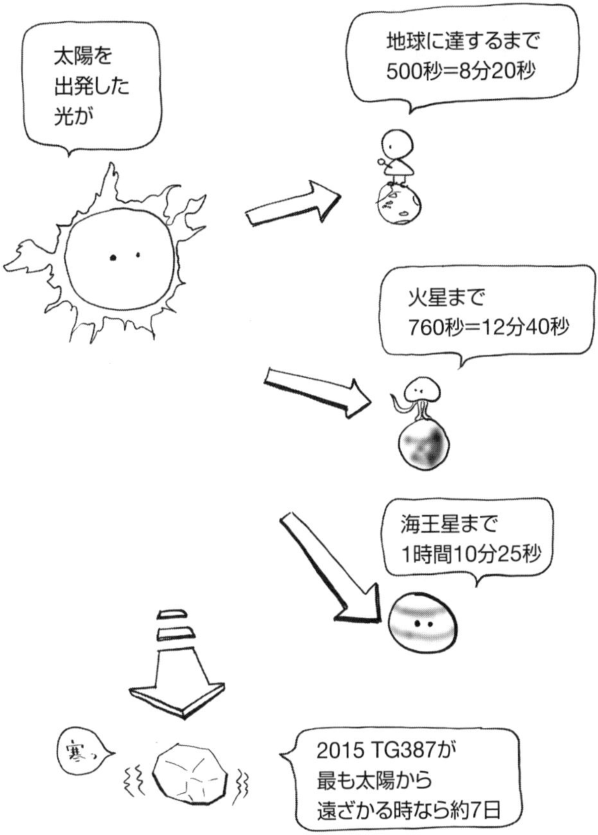

## ご近所の銀河団までの距離は5900万光年

光秒や光日を使ってやっと把握できる広い太陽系は、それでも宇宙のほんの片隅です。太陽系の外の茫漠《ぼうばく》たる宇宙にはどんな天体が漂っているのでしょうか。

恒星、つまり夜空に輝く無数の星々のうち、太陽系に最も近いのは「プロキシマ・ケンタウリ」です。「赤色《せきしょく》矮星《わいせい》」という小さくて暗い種族の恒星で、肉眼では見えません。小さくて暗いのに、ちゃんと惑星をしたがえていることがわかっています。

「最も近い」といっても、距離は4.22光年あります。(地球から測っても、太陽から測っても、ほとんど違いません。)つまり光で4年と2カ月と20日ほどかかります。

とうとう「光年」という単位が登場しました。光が飛び続けること1年間、すなわち光で365.25日間、すなわち光で31557600秒間という距離です。恒星までの距離を表わすには、このような膨大な単位が必要になります。

この調子でどんどん宇宙を行きましょう。

私たちの太陽も、プロキシマ・ケンタウリも、「天の川銀河」という星の大集団に属しています。天の川銀河には約1000億個の恒星が群《む》れ集《つど》っています。

天の川銀河の直径は10万光年です。私たちの太陽系は、天の川銀河の中心部から2万5600光年離れた田舎にあります。天の川銀河の中心方向を眺めると、密集した星々のにぎわいがぼうっと明るく見えます。これが天の川です。

2万5600年というと、私たちホモ・サピエンスが狩猟生活から農耕牧畜産業革命を経て現代まで進歩するくらいの時間です。10万年前は、ホモ・サピエンスがまだ原始的な石器を使い、他の人類ホモ・ネアンデルターレンシスなどを絶滅に追いやっていたころです。その時に天の川銀河の端を出発した光がようやく今私たちのもとに届き、超新星や原始星やブラック・ホールやよその惑星について知らせてくれているわけです。

恒星の大集団である銀河は、天の川銀河の他にもたくさんあります。夜空で最も目立つ銀河は「アンドロメダ銀河」で、アンドロメダ座の方向、230万光年離れたところに浮いています。230万年前というと、私たちの祖先がおぼつかない手つきで石ころや棒切れを使いだしたころです。

銀河が100個くらい、ものによってはもっとたくさん集まった群れを「銀河団」といいます。宇宙空間には銀河団が無数に浮いています。
「おとめ座銀河団」は距離5900万光年で、比較的近くにあります。5900万年前というと、恐竜が絶滅して哺乳綱が繁栄し始めたころです。

銀河団の浮かぶ宇宙は数百億光年先まで広がっています。そろそろ、光年を用いても広がりを把握するのがつらくなってきました。

この宇宙の観測可能な範囲は、ある計算によれば、466億光年先まで広がっています。

とりあえず、光速を使って距離を時間で表わすデモンストレーションは、466億光年で打ち止めとしておきます。

### 光というめちゃくちゃ速いものをどう測るか

さて17世紀のガリレオの光速測定実験は、ヒトの動作に比べて光が速すぎるため、うまく行きませんでした。

光というめちゃくちゃ速いものを測るには、どうすればいいでしょうか。

この問題は研究者の意欲をかきたて、さまざまな挑戦がなされ、いくつもの手法が開発されました。光速測定は現在も盛んな一つの研究分野です。

原子時計もレーザー干渉計も光周波数コム技術もまだない時代の研究者は、自然に対する観察眼と洞察力を頼りにこの課題に取り組みました。

デンマークの天文学者オーレ・レーマー（1644-1710）は、木星の衛星を観察していて、それが計算と合わないことに気づきました。

木星はいくつもの衛星をしたがえていて、望遠鏡を覗くと、それがくるくる木星を周回したり、背後に隠れたりするのが見られます。衛星が木星の背後に隠れることを「蝕」あるいは「食」といい、それが起きる時刻は正確に予想できます。

ところがレーマーが精密に観測したところ、木星が地球に近い時は蝕が予定よりも数分早く起き、遠い時には数分遅くなるのです。

これは、木星の蝕の瞬間から、その光景が光速で地球にはるばるやってくるまで時間がかかるためだと、レーマーは（正しく）考えました。

この時間差と木星までの距離を比べることによって、レーマーは人類で最初に光速測定に成功しました。その値は22万km/s、正しい値との差は27％で、最初の測定としては立派なものです。1676年、ガリレオの試みから約40年後のことです。

ここで、光速測定に使われたのが望遠鏡ということも注目すべき点です。その時代の最先端の観測技術を用いると、それまで測れなかったものが測れるようになり、それまで届かなかった物理に手が届くのです。観測技術と宇宙の理解は足並みをそろえて進歩します。

## 光行差と空気望遠鏡でさらに精密に観測

一方、英国の天文学者ジェームズ・ブラッドレー(1693-1762）は望遠鏡で別の天体現象を観測して光速の測定に成功しました。

地球は約30 km/sという結構な速さで太陽を周回しています。半年経つと、同じ速さで反対方向に運動します。(実は太陽自身も約200 km/sという猛速度で銀河系の中心を周回しているのですが、この効果は今は無視します。)

図1-3に示すように、運動しながら遠方の恒星を観察すると、恒星の位置がずれて見えます。自動車や列車で

雨の中を走ると、上から下に落ちてくる雨粒が、前方から後方へ斜めに動くように見えるのと同じ原理です。恒星からやってくる光が地球の運動方向の前方から後方へ斜めに移動しているように見えるのです。この現象を「光行差《こうこうさ》」といいます。

地球の運動による光行差は大変わずかで、恒星の位置は1°の1%もずれません。ブラッドレーは焦点距離、つまりレンズと接眼部の間隔が65 mもある、「空気望遠鏡」という当時の最新装置で、精密な観測を行ないました。そして光行差を利用して、光速を誤差2%以内で求めました。(正確には、光速と地球の公転速度の比を求めました。) 1729年のことです。

ちなみにその後、レンズの代わりに凹面鏡を用いる反射式望遠鏡が発達して、空気望遠鏡の技術は廃れました。

## ガリレオの光速測定実験への再挑戦

19世紀になると機械技術が進歩し、ガリレオの光速測定実験を実現する機械が製作されました。

アルマン・フィゾー(1819-1896)の光速測定装置は、8 km離して設置された歯車と鏡からなります。図1-4のように、歯車の歯のすきまを通る光線が、8 km飛んで鏡で反射され、また8 km飛んで戻り、歯のすきまを通ります。

ガリレオの実験では光を返すのに人間がランプを手で明滅させましたが、フィゾーは鏡を使いました。その方がずっといいですね。

歯車を高速で回転させると、光が往復する間に歯が1

図1-3 光行差

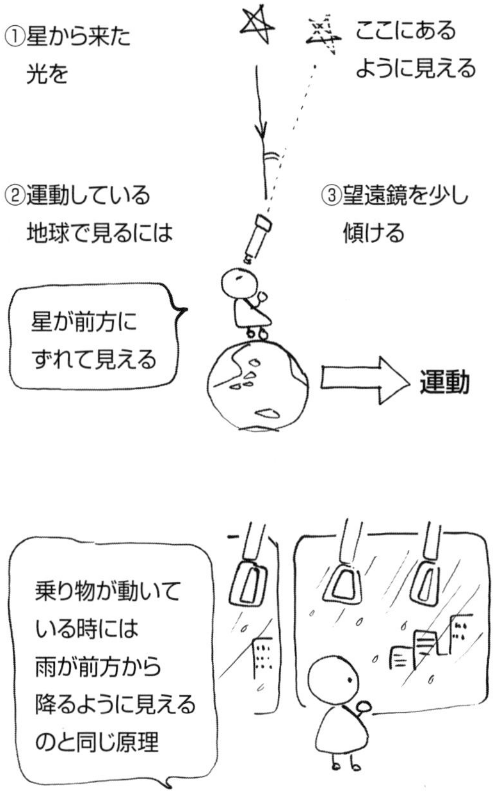
①星から来た
光を
ここにある
ように見える
②運動している
地球で見るには
③望遠鏡を少し
傾ける
星が前方に
ずれて見える
運動
乗り物が動いて
いる時には
雨が前方から
降るように見える
のと同じ原理

図1-4 フィゾーの光速測定装置

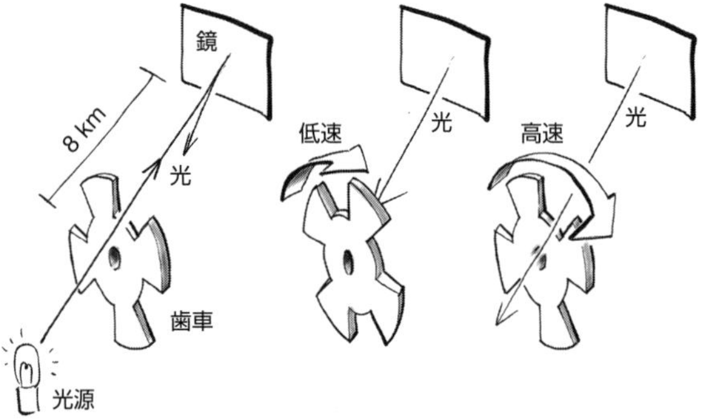


①光源から発した光は歯車のすきまを通り、遠方の鏡で反射される。

②同じ経路を戻って来た光は、歯車が回転しているため、歯にぶつかってさえぎられる。

③歯車の回転を調節すると、戻って来た光が次のすきまを通れる。
⇒回転速度から光速がわかる。

個だけ進み、次のすきまを光線が通過する状態が作れます。するとこの時の回転速度から光速を求めることができます。

この方法で1849年にフィゾーは光速を31万5000 km/sと求めることに成功しました。現代の値との差は5%です。

こうして地上の実験装置でも光速は測定可能になり、さまざまな原理の測定装置が考案され、どんどん測定精度は向上して、精密に光速が求められるようになりました。

すると、光速に奇妙な性質があることがわかってきたのです。この発見によって、それまでの物理学の枠組みは改修されることになります。

## 史上最も有名な失敗実験

地球は宇宙空間を疾走しています。それは光行差現象からも確かめられます。この地球の疾走は光速測定にどんな影響を与えるでしょうか。

光を地球が追いかける場合、追いつくことはできませんが、光速は地球の速度だけ遅く観測されるのではないでしょうか。そして逆に光と地球が正面衝突コースにある場合、光は速くなるのではないでしょうか。

……当たり前のことをなんだかくどくど言っているように聞こえますか？　確かに19世紀にはこれが当たり前の考えでした。

そしてこの考えに基づいて、光速の変化を実際に測定する実験が行なわれました。これによって、地球の疾走する速度を知ろうとしたのです。

1887年、アルバート・マイケルソン（1852-1931）とエドワード・モーレー（1838-1923）は、鏡とガラスを用いる精密な実験装置をアメリカ・クリーブランドの地下実験室に組み上げ、この測定を行ないました。

現在は「マイケルソン干渉計」と呼ばれるこの装置は、「干渉」という現象を利用して、二つの方向（例えば東西方向と南北方向）の光速の差を測るものでした。東西方向と南北方向の光速に違いがあると、これはそれぞれの光線の往復に要する振動回数の違いとなり、干渉縞《じま》の変化となって現われるのです。

この実験のため、クリーブランド市の公共交通機関が止められました。周到な準備の後、マイケルソンとモーレーが干渉縞を覗きこんだところ、二つの方向で光速に違いは見られませんでした。この装置は鋭敏で、地球が10 km/s 程度で運動していればそれが検出できるはずでしたが。

たまたま実験の日に地球が宇宙に対して静止していた可能性を考慮して、実験は半年後にもう一度繰り返されました。しかし結果は同じでした。

マイケルソンとモーレーは、光速の変化を検出することができませんでした。実験装置がどんな方向にどんな速さで動いていても、光速の測定値は変化しなかったのです。

これは一体どういうことでしょうか。どう解釈すればいいのでしょうか。マイケルソンとモーレーと世界中の研究者は頭をかきむしりました。

マイケルソンとモーレーの光速測定実験は、科学史上最も有名な失敗実験と呼ばれます。この「失敗」は、光速の変化を測定することができないという宇宙の真理を明らかにしました。

それまで信じられていた常識に、物理学に、根本的な訂正が必要になったのです。

なお、この「失敗」により、マイケルソンは1907年のノーベル物理学賞を受賞しています。失敗を受賞理由に挙げるのは選考委員会もためらったのか、「精密干渉計の考案、それを用いた分光学、メートル原器の研究」に対して授与されました。この実験装置は、光の干渉を用いる精密な距離測定とみなせるのです。

## 実験装置が動いても光速が変わらないのはなぜか?

測定装置(を載せた地球)が動いているのに光速が変わらない不可思議な現象はどう解釈すればいいのか、いくつかの不可思議なアイデアが提案されました。

ジョージ・フランシス・フィッツジェラルド(1851-1901)とヘンドリック・アントーン・ローレンツ(1853-1928)は、もしも運動する物体の長さが縮むとしたら、マイケルソンとモーレーの実験結果を説明できる、と提案しました。(一部正解です。)

ローレンツたちの説明では、この宇宙は真空ではなく、光を伝える「エーテル」という媒質で満たされています。音が空気を伝わるように、光はエーテルを伝わるとされます。(化学物質のエーテルとは関係ありません。)

光を伝えるエーテルは、ローレンツたちの独創ではなく、古くからある概念です。しかし光の性質がだんだんわかってくると、エーテルの性質はどんどん奇妙奇天烈なものになりました。

宇宙に浮かぶ月や太陽や遠方の銀河からの光がここまで届くからには、宇宙空間は膨大なエーテルに満たされていなければなりません。エーテルはその中で暮らす私たちが存在を感じられないほど希薄で軟らかいのですが、光を30万km/sという猛速度で伝えるためにはダイヤモンドよりも硬くないといけません。

そしてローレンツたちの考えるところでは、エーテルの中を泳ぎ渡る物体は、エーテルの圧力によって、進行方向に圧縮されるというのです。(エーテルの奇天烈な性質がまた一つ追加です。) 地球も太陽も、マイケルソンとモーレーの実験装置も、マイケルソンとモーレー自身も、それと知らずにわずかに短くなっていることになります。

その縮みは、地球が10 km/s でエーテル中を運動しているとすると、元の長さの10億分の1程度です。このようなわずかな差は、普段の生活では決して気づくことはありませんが、マイケルソンとモーレーの精密な実験には影響する、というわけです。

動く物体が進行方向に縮む効果は「フィッツジェラルド＝ローレンツ収縮」といいますが、しばしばフィッツジェラルドを略してローレンツ収縮と呼ばれます。おそらくフィッツジェラルドの発音が難しいためでしょう。科学史に名を残すには簡単な名前の方が有利なようです。

### アインシュタインが現われ、エーテルは去った

フィッツジェラルド＝ローレンツ収縮は、現代の私たちの理解でも正しい、実際にある効果です。動く物体は進行方向に縮みます。

しかし、光速が測定装置の運動によらないという実験結果を矛盾なく説明するには、フィッツジェラルド＝ローレンツ収縮だけでは足りません。さらに発想を飛躍させ、時間と空間の概念をもっと奇天烈に変更すること

が必要です。

その飛躍をやってのけたのがアルベルト・アインシュタイン（1879-1955）です。「相対性理論」を創造し、「量子力学」の創始者の一人となり、物理学を革新した天才です。

フィッツジェラルドやローレンツやその他の研究者が、フィッツジェラルド＝ローレンツ収縮を考えだし、相対性理論まであと一歩のところまで来ていた時、ドイツでアインシュタイン少年は、光に近い速度で走る汽車の中で鏡を覗くとどう見えるかという問題を考えていました。

そんなおかしな問題がわかる大人は周囲にいなかったと思われますし、いくら考えてもわかるはずがないので、いつしか忘れてしまうのが普通の子供、つまりアインシュタイン少年以外の全人類だと思われますが、アインシュタイン少年はアインシュタインだったので、その問題をいつまでもいつまでも考え続けました。

アインシュタイン少年はその問題をいつまでもいつまでも、成人してまでも考え続け、そして1905年、ついにその答を思いつきます。

それが不可思議で奇天烈で、しかしマイケルソンとモーレーの実験結果やフィッツジェラルド＝ローレンツ収縮やさまざまな宇宙物理現象を説明する物理学理論、「特殊相対性理論」です。

アインシュタインの特殊相対性理論は、エーテルという概念を使わなくても実験結果を説明できるので、エーテルは必要なくなり、教科書から消えました。本書にも二度と現われないので、エーテルのことは（物理学者と同様に）忘れ去ってかまいません。さよならエーテル、短い付き合いでした。

## スター科学者アインシュタイン

自然と自然法則は夜の闇に隠れていた。
神は言った。
「ニュートン現われよ」
そして全てが明らかになった。
――アレクサンダー・ポープ

しかし長くは続かなかった。
悪魔がわめく。
「アインシュタイン現われよ」
そして全ては混沌に戻った。
――J・C・スクワイア

前者の詩は、詩人アレクサンダー・ポープによる、アイザック・ニュートン（1643-1727）の墓碑銘です。ニュートンの偉大な業績と人々の敬意を表現した二行詩です。

ふざけた調子の後者の詩は、前者の200年後に書かれたパロディです。作者は英国の詩人・作家・歴史家のスクワイアです。アインシュタインの考えだした物理学理論によって、宇宙はなんとも奇怪な姿になってしまった、という嘆きです。

さて本書にもいよいよ超重要人物アルベルト・アインシュタインが現われました。今後何度も何度も登場するので、主人公（の一人）と呼んでもいいくらいです。

相対性理論をはじめとするアインシュタインの理論について解説する前に、まず簡単に生い立ちを紹介しましょう。

ただしこのかたの性格は（誰の性格もそうかもしれませんが）複雑で矛盾を抱え、簡単な紹介では説明しきれず、しかも伝記作家や科学史家が詳しく調べれば調べるほどその説明は混乱してくる傾向があります。「アインシュタインの真の人物像はこう」「いや彼にはこういう面があった」という論争は、今もなおヒートアップしながら続いています。

## 大学受験では点数不足、研究職にもつけなかった

1879年、アルベルト・アインシュタイン（以後アインシュタインと表記）はドイツのユダヤ人の家庭で生まれます。子供のころは、前述のとおり、光の速度で列車が走るとどうなるかといったおかしな問題を始終考えていて、そのためか数学以外の成績は芳しくありませんでした。

スイスのチューリッヒ連邦工科大学を受験しますが、合格点をとれず、しかし数学と物理は点数がよかったため、校長のお情けで入学できることになりました。チューリッヒ連邦工科大学といえば世界に名高い名門校ですが、当時はそういうことが可能だったようです。

アインシュタインの伝記には何人もの女性が登場しま

すが、そのうちの一人で、のちに最初の妻となるミレヴァ・マリッチ（1875-1948）とは大学で知り合いました。ミレヴァは妊娠し、1902年にスイスを離れてひそかに娘リーゼルを出産します。リーゼルは生まれてすぐに養子に出されたか病死したと推定されますが、その後の科学史家による調査でも行方はわかっていません。

アインシュタインは卒業後、研究職に就くことができず、スイスの特許庁に就職し、仕事の合間に理論物理学に取り組みます。ミレヴァとは1903年に結婚し、ハンス（1904-1973）とエドゥアルト（1910-1965）という二人の息子が生まれます。この二人の嫡出子については、当然のことながら、その生涯も知られています。（次男はアインシュタインと終生折り合わなかったようです。）

### 1905年は科学史上「奇跡の年」

1905年、アインシュタインは5篇の論文を発表します。そのうち2篇は、相対性理論という全く新しい物理学理論を提唱する論文です。また1篇で述べられたアイデアは、のちに「量子力学」に発展し、これまた物理学を変革するものでした。

宇宙についての人類の見方を劇的に変える物理学理論が1年の間に立て続けに、一人の特許庁職員の頭脳からぽんぽん飛び出てきたのです。科学史家は1905年を「奇跡の年」と呼んでいます。その間、特許庁の職務をどれほど真面目にこなしていたか訊くのは野暮というものでしょう。

これらの業績が認められて、アインシュタインは大学の教職に就くことができました。さらに（フィッツジェラルド＝ローレンツ収縮の）ローレンツの薦めで、1914年にドイツのフンボルト大学教授になります。しかしミレヴァとの結婚生活は破綻し、彼女は息子たちを連れてスイスに戻ってしまいました。

1905年に相対性理論を発表して世界を仰天させたアインシュタインですが、彼自身は相対性理論に満足していませんでした。相対性理論を拡張し、さらに重力を取り入れた理論を考えだし、1915年に一連の論文として発表します。これが、宇宙の姿を記述するのになくてはならない理論であり、ブラック・ホール、ビッグ・バン、重力波など数々の驚異を明らかにした「一般相対性理論」です。

1905年に発表された方の相対性理論は、これ以降、「特殊相対性理論」と呼ばれるようになります。（携帯電話が普及したら、普通の電話が区別のため「固定電話」と呼ばれたようなものです。このような命名法を「レトロニム」といいます。）本書では両者まとめて「相対論」と呼んだりします。

## 天才科学者の光と闇

1919年にはミレヴァとの離婚が成立し、アインシュタインはすぐさま2番目の妻エルザ・レーヴェンタール（1876-1936）と結婚します。エルザはアインシュタインの従姉で、離婚経験があり、イルゼ（1897-1934）とマーゴット（1899-1986）という二人の娘を連れていました。

当時、エルザとの結婚話が進む中、アインシュタインがイルゼに求愛し、「君とお母さんのどちらと結婚してもいい」というはなはだ気持ち悪い提案をしたことが、イルゼの手紙に記されています。どうも女性に対して抑制の効かない人物だったことが読み取れます。

1921年のノーベル物理学賞は「理論物理学への貢献、特に光電効果の法則の発見」の功績でアインシュタインに授与されました。「光電効果の法則」とは、「奇跡の年」1905年に発表された一連の論文のうち、量子力学の基礎となったものを指します。これについては第4章で解説します。

もちろんこれは重要な功績なのですが、アインシュタインといえば、ほぼ独力で創り上げた相対論がまず第一の業績に挙げられるので、ノーベル賞選考委員会の判断はやや意外な感があります。選考委員会は実験で証明された法則や理論を重視する傾向があるようです。

このころにはアインシュタインの名は世界に知れ渡り、ニュートン以来最も尊敬される科学者となりました。「スター科学者」と呼んでいいでしょう。

1933年、ユダヤ人を憎むアドルフ・ヒトラー（1889-1945）がドイツの首相になると、アシュケナージ系ユダヤ人であるアインシュタインとエルザはアメリカに移住します。アインシュタインはプリンストン高等研究所の研究職に就き、二人はアメリカの市民権を得て終生アメリカで暮らします。

1939年、開戦が避けられない情勢になると、ナチス・ドイツの勝利を恐れたアインシュタインは、やはりアメリカに亡命していたユダヤ人核物理学者レオ・シラード（1898-1964）と連名で、「極めて強力な新型の爆弾の製造」を勧める書簡をフランクリン・ルーズベルト大統領（1882-1945）宛に送ります。

こうして原子爆弾を製造するマンハッタン計画が開始されました。計画にはヨーロッパから逃げ出した天才ユダヤ人研究者が大量に参加しました。

前人未到の原子爆弾の製造を、アメリカはたった6年でやってのけましたが、製造に成功した時にはすでにナチス・ドイツは降伏し、ヒトラーは自決していました。

病死したルーズベルト大統領に代わったハリー・トルーマン大統領（1884-1972）は、完成した3発の原子爆弾のうち2発を日本に使用しました。（最初の1発は砂漠で試験に使われました。）1945年8月6日、広島にウランを爆薬に用いる核分裂爆弾が、8月9日には長崎にプルトニウムを爆薬とする核分裂爆弾が投下され、合わせて20万人以上が死亡しました。

この秘密兵器の威力に全てのアメリカ人が喝采したわけではありませんでした。未来のエネルギーと信じられていた原子力が兵器として使用されたことは、世界に衝撃を与えました。科学というものに対する信頼は失われたと感じる人もいました。

原子爆弾製造を進言したアインシュタインは、多くの知識人と同様に、核兵器に反対する立場を取るようになりました。後には書簡を送ったことを後悔していたとも伝えられます。

1955年、腹部動脈瘤の破裂で倒れ、手術を拒否して死去します。アインシュタインは多くの警句や冗談を残しましたが、最期の言葉はドイツ語だったため、居合わせた看護師は聞き取ることができず、誰も知らないままになりました。

### 列車が教えてくれる相対性原理

さて話を1905年、奇跡の年に戻しましょう。

これからいよいよ特殊相対性理論の説明に入ります。

なるべく数式を使わない方針なので、そのぶん理屈っぽい抽象的な話が続きます。おそらくここが本章の一番理解しにくい箇所です。ここさえ越えればあとは楽だと思うんですが、話が違うと思われたらお知らせください。

アインシュタインが子供のころから考え続けてきた問題、光に近い速度の列車の中で何が起きるか、それを大人になったアインシュタインはどう解いたのでしょうか。

ごく簡単にその問題に答えると、

「光に近い速度の列車の中で特に変わったことは起きません」。

列車の速度がどれほどであっても、列車が加速や減速もせず、線路がカーブもしていなければ、つまり等速直線運動をしていれば、車内の光景は停車している時と変わりません。乗客は普通に飲んだり食べたりおしゃべりしたり、科学解説の新書を読んだり、あらゆる行為を停車している時と同様に楽しめます。(ただし話がややこしくなるので、車外との通話はおひかえください。)

このことは、普段みなさんが列車に乗る時に体感しているはずです。列車が時速100 km以上のかなりの高速度で走っていても、車内の乗客は気にもとめません。たまによろめくことがあるのは、列車が揺れた時、すなわち加速や減速をした時です。がたごと振動するのは、やはり車体が細かい加速をするからです。等速直線運動をしている間は、停車と区別できません。

ここまでは誰もが観察することなのですが、アインシュタインの大胆な推論は、ここから特殊相対論を導きました。以下、その論理を(少々整理した形で)追ってみましょう。

### 特殊相対性理論とは車内の様子が変わらないこと

列車が走っていても車内の様子が特に変わらないことを、物理学の用語を使って表現すると、

「慣性系において物理法則は同じ(相対性原理その1)」

となります。

ここで「系」とは、列車や、中の乗客や物体、物差しや時計といった測定具などをまとめて呼ぶ言い方です。それらが慣性運動、つまり加速も減速もせず等速直線運動していると「慣性系」です。

その場合、列車内でどんな物理実験をしても、静止しているプラットホームのような別の慣性系での実験と同じ法則にしたがう、というのがここで述べられているこ

とです。

物理実験というと、科学者がメータやレバーのついた大仰な装置を並べて行なう謎めいた行為を思い浮かべるかたがいるかもしれません（いないかな）。しかしそんな特別なことをしなくても、私たちが飲んだり食べたりおしゃべりしたり何をしても、その行為は物理法則にしたがって行なわれるので、ある種の物理実験と呼べます。（重力の関わる実験はちょっと理由があってここでは触れません。）

「相対性原理その1」は、飲んだり食べたりおしゃべりしたり何をしても、列車が止まっている場合と走っている場合で違いはない、ということを表現したものです。

この相対性原理その1からは、

「慣性系が運動しているかどうかは、他の慣性系と比べないとわからない（相対性原理その2）」

ことが結論されます。

どういうことかというと、走っている列車と止まっている列車で物理実験の結果が同じだと、列車が動いているかどうかが列車内の実験で判定できなくなってしまうのです。

自分の乗っている列車が動いているかどうかを知るには、窓の外を見るのが手っ取り早いです。しかしこれは窓の外の系と列車系の運動を比べていることになるので、列車内の実験とはいえません。

列車の運転席の背後に貼りついて運転の様子を眺めれ

ば（楽しいですよね）、速度計から列車の速度が読み取れます。速度計の原理は色々ありますが、例えば車輪の回転速度を測るものがあります。車輪はレールに合わせて回転し、レールは外の系の一部なので、やはりこの速度計も外の系を参照していることになります。

こうして考えていくと、列車が慣性運動をしているかどうか、運動しているとしてそれがどれくらいの速さなのか、列車内の実験だけから知ることはできないのです。

どの慣性系でも物理法則は同じなら、慣性系どうしの運動を比べないと、その慣性系の運動はわからないのです。

このように他と比べて決まる性質を「相対的」といいます。そこで、

「慣性系の運動は相対的である（相対性原理その3）」

といえます。これが相対性理論の教科書に載っている、相対性原理の（硬い）表現です。そしてここから導かれる物理学理論が「相対性理論」です。

つまり相対性原理とは、列車が走っている時も止まっている時も車内の様子が変わらないことを、言い換えたものなのです。（ここで、相対性原理簡単じゃん！　と思っていただけると、話を続けやすいです。）

## 地球の動きは地球の上では測定できない

さてこの章のテーマである光速です。

前に述べたように、光速の変化を測定するマイケルソ

ンとモーレーの実験は失敗に終わりました。測定装置が運動していても光速が変わらないことが明らかとなり、世界中が頭をかきむしりました。

実はこの相対性原理というものから、マイケルソンとモーレーの実験結果が説明できます。アインシュタインの頭は子供のころから光速に近い列車を走らせていたので、このことに思い至りました。

マイケルソンとモーレーの実験がどうしてああいう結果になったのか、その説明はとても簡単です。

クリーブランドの実験室に据え付けられた二人の実験装置を、列車に載せて走らせると、どういう結果になるでしょうか。ちょっと想像してみてください。

相対性原理によると、列車が動いている時も止まっている時も、列車内で行なった実験の結果は同じになります。二人の光速測定実験によって、列車が動いているかどうかを知ることはできません。列車の運動がわかるのは、列車の外の何かと比べる実験をした時だけです。

ということは、クリーブランドの実験室でいくら精密な実験を行なっても、実験装置を載せた地球の動きを知ることはできません。地球の外の何かと比べないと、地球の動きは測定できないのです。

つまり、相対性原理から、二人の実験が失敗することは決まっていたのです。

## 光速に近い列車で卓球をしよう

説明がシンプルすぎて、なんだか騙されたような気分になるでしょうか。列車が動いていても光速が変わらないのは不自然な気がするでしょうか。列車内でおかしな結果が生じないか、心配になるでしょうか。

いいえ、列車内でも光速が変わらないことによって、さまざまなおかしな結果が（宇宙によって）未然に防がれます。もしも列車の速度に応じて光速が変わると、かえって奇妙な現象が起きるはずです。

一つ、例を挙げてみましょう。列車内にテーブルを持ち込んで卓球をします（図1-5)。列車の進行方向に背を向けた前方のプレイヤーと、後方のプレイヤーで勝負します。

列車の速度が光速に比べて遅いならば、試合運びに何の変化も現われないことは、納得していただけるでしょう。（揺れや加速がなければ）運と腕前で勝負は決まり、負けた方は言い訳に列車の速度を使えません。

ここで列車を光速に近い速度で走らせると、何が起きると予想されるでしょうか。

19世紀のマイケルソンとモーレーならば、（相対性原理に反して）光速に変化が現われると考えるかもしれません。列車内の観測者にとって、前方から後方に飛ぶ光はより速く、後方から前方に飛ぶ光はより遅くなると、予想するでしょう。

もしそういうことが起きるなら、光速に極めて近い速度で列車を走らせることにより、光が後方のプレイヤーから前方のプレイヤーに届くまで数分かかるように調節できます。（前方から後方までは瞬時に届きます。）

これだと、後方のプレイヤーが圧倒的に有利です。後方のプレイヤーにはピンポン玉も相手の動きも観察できるのに、前方のプレイヤーには、ピンポン玉も相手も数分前の姿しか見えません。どこから玉が飛んでくるかわかりません。一回でも打ち返せたら相当な腕前でしょう。

これでおわかりのように、もしも（相対性原理に反して）列車の速度によって光速が変わるならば、車内のスポーツの試合は大きく影響されます。球技であれ格闘技であれ、どの試合も、後方プレイヤーあるいは後方チームの圧勝でしょう。もしも列車内で忍者と忍者が決闘することになったら、後方のポジションを取った方が勝つでしょう。そして勝った側はとどめの一撃の前に「後ろを取ったぞ」と宣言するでしょう。

もしも列車の速度によって光速が変わるなら、列車内のあらゆる場面でこのようなおかしなことが起こります。スポーツは成り立たなくなり、日常の動作や行為は全て不可能になり、車内は混乱に陥るでしょう。

けれどもそうは問屋が卸さない。マイケルソンとモーレーと、これを試合に利用したいと考えたかたには生憎《あいにく》ですが、宇宙のルールはこのチートを許しません。

列車がどちらにどんな速度で走ろうと、止まっている場合と同様に試合は進み、勝負に影響は現われません。試合結果から列車の運動の情報を得ることはできません。列車の運動を示すような光速の変化は生じません。光速が変わると相対性原理に反するので、光速は変わらないのです。

## 図1-5 光速に近い列車での卓球

もしも列車の速さによって光速が変わるなら

すると卓球は後ろが圧倒的有利に……？

※そうはなりません

アインシュタインは、どの慣性系でも光速が同じ値をとることを「光速不変の原理」と呼び、特殊相対論の二つの基本原理の一つとしました。（もう一つの原理はもちろん「相対性原理」です。）

ところで卓球の例からわかるように、この光速不変の原理は相対性原理から導くことができます。

余談ですが、このように、ある原理から別の法則が導かれる場合、前者だけを原理とみなし、後者は「定理」とみなすのが、理論の普通の構成方法です。つまり相対性原理を特殊相対論の基本原理とするならば、光速不変はそこから導かれる定理というあつかいになるはずです。

けれどもなぜかアインシュタインは、この二つをともに特殊相対論の原理と呼びました。以来、どの物理の教科書も、あえてアインシュタインに異を唱えることなく、それに倣《なら》っています。

### 列車は縮み、質量は増え、時間はゆっくりに

それにしても、慣性系が動いていてもそこでの光速が変わらないとは、実に不思議な話です。

もしも光速が変わると列車内で奇妙な現象がさまざま起きるのだとアインシュタインはいいますが、光速が変わらないとなるとそれはそれで常識はずれの現象が起きるような気がします。というか、起きます。

例えば列車内の卓球です。列車がどんな速さで走ろうと、止まっている場合と同様に試合は進むというのが相対性原理の教えです。プレイヤーは窓の外を見なければ、

列車が走っていることに気づきもしません。

しかしその試合を列車の外から眺めるとどう見えるでしょう。列車が極めて光速に近い速度で走っているならば、後方のプレイヤーから発した光が前方のプレイヤーに届くまで数分かかるのではないでしょうか。

はい、かかります。その一方で、前方のプレイヤーからの光は後方に瞬時に届きます。

これはどうしたことでしょう。話が違うのでは？　それだと試合は列車の運動で影響を受けるのでは？　と思われるでしょうか。

まるで手品のようですが、列車内の観測者と、外の観測者の両方から見て、光速は不変で、しかもそのことは列車内の試合運びに全く影響しません。

この手品は、実に手の込んだ仕掛けによって実現しています。

1　まず外の観測者からすると、列車と卓球台とピンポン玉とプレイヤーたちの長さは進行方向に縮んでいます。（これは先にでてきたフィッツジェラルド＝ローレンツ収縮です。）

2　そのうえ、列車の時間は外の観測者の時計で測るとゆっくり進んでいます。（これを「時間のゆっくり化」と呼びましょう。）

3　さらに、前方のプレイヤーの時間は後方のプレイヤーの時間に比べて過去の時刻を指しています。そのように外の観測者には観測されます。（これを「同時性の破れ」といいます。）

……ここで、相対性理論が牙を剝きだして襲いかかってきました。やさしい語り口に油断していたら突然の豹変です。

この理解不能な文章はどういうことでしょう。収縮だとかゆっくり化だとか同時性の破れだとかいった珍妙な言葉は何を指すのでしょうか。（そもそも日本語でしょうか。）

時間や長さがそんなとんでもないことになって、車内はしっちゃかめっちゃかの大恐慌に陥らないのでしょうか。

いえ、しつこく強調しますが、車内の様子は静止している場合となんら変わらず、光は光速で飛び、乗客は平然と飲んだり食べたりおしゃべりし、ピンポン玉は前後を往復し、決闘は続きます。乗客も選手も忍者も、自分たちの長さが縮んだり、時間がゆっくりになったり、同時性が破れたりしているとは、列車内の実験では気づきません。

列車内の観測者にとって列車内の様子が変わらないのは、言い換えると相対性原理が守られているのは、列車外の観測者から見てフィッツジェラルド＝ローレンツ収縮や時間のゆっくり化や同時性の破れが起きているからです。

（本によっては、収縮やゆっくり化や同時性の破れがどうして必要なのか、一つずつ説明を始めるものもありま

## 図1-6 ローレンツ収縮

走る列車で光速を測っても値が変わらない仕組み

1　物と物差しが縮む

2　時間がゆっくり進む

3　時刻がずれる

すが、ここではそれはやめておきます。）

宇宙はこれだけの手間をかけて、列車内の物理法則に変化が生じないように、なおかつ外の観測者にとっても光速が変わらないように、つじつまを合わせています。このような宇宙の努力によって、相対性原理は守られているのです。

以上は相対論から導かれる結論です。あらゆる常識に反するような結論ですが、これまで行なわれた無数の実験や観察に合致します。全く矛盾は見つかっていません。むしろ、これによって矛盾が避けられます。

宇宙はこういうふうにできているのです。

## 光速cはこの世の最高速度

さてここまでの説明では、長さが縮んだり時間がゆっくりになったりする奇妙な列車があたりを走り回りました。これは、アインシュタイン自身による解説書にも登場する由緒正しい列車で、もう100年以上にわたり、多くの本を走り回って読者を導いて（あるいは混乱させて）きました。

ここではこの列車にあと1回だけ走ってもらいましょう。今度は光速を突破します。

客車を光速に近い速度で引っ張っている蒸気機関か電気モータかあるいはもっと未来的な推進機関に、石炭か電力かあるいは反物質をどかどか追加して、速度がとうとう30万 km/s に達したと思ってください。速度計はそこにとどまらず、40万 km/s を超えて100万 km/s を突破し、もういっそ時速100億光年を指したとしてもいいです。すると車内では何が起きると思いますか。

実はこの問に正解はないので、車内の光景がどうなるか、自由に思い描いていいのですが、一つ確実なのは、ついに相対性原理が破綻するということです。

光速の、またはそれより速い列車内で、普通に物理実験を行なうことはできません。

例えば車内で光速を測定すると、車内の物差しや時計を（整合性を保ちながら）いくら伸び縮みさせても、車内と車外の測定結果を両方30万 km/s にすることはできません。車内では光速に異変が起きたことに気づくか、あるいはそもそも実験が行なえないでしょう。

光速測定ばかりでなく、飲んだり食べたりおしゃべりしたり卓球したり決闘したりといった全ての行為は、物理法則にしたがうある種の実験なので、どれも通常運行時のようにはいきません。乗客は（意識があれば）車内の異常に気づき、窓の外を見なくても、列車が光速を超えたことを知るでしょう。

これは

「慣性系において物理法則は同じ」
「慣性系が運動しているかどうかは、他の慣性系と比べないとわからない」
「慣性系の運動は相対的である」

という相対性原理に反します。宇宙の基本原則が破られているのです。
　この考察から、列車であれどんな物体であれ、

「光速を超えることはできない」

　という相対論の重要な結論が導かれます。列車が光速を超えると、物理法則が破綻します。人間を乗せた列車が光速を超えられないだけではなく、原子1個、あるいは素粒子1個でも光速を超えることは許されません。超えると通常の物理法則が成り立たなくなります。
（そういう通常でない物理法則や光速を超える素粒子を追求する研究もあります。が、今のところ相対性原理に反する現象は見つかっていません。）

### ピンポン玉は光速を超えられるか

　光速は超えられない、と聞くと、たくさんのはてなマークが頭に湧いてくるかもしれません。なんだか直観や常識に反する気がします。
　例えば、光速の50％で走る列車の中で、ピンポン玉を前方へ光速の50％でサーブしたら、ピンポン玉はどうなるでしょうか。（実現可能です。）車外から見てピンポン玉は光速に達すると答えたくなります。

　しかし相対論にしたがって計算すると、光速の50％で走る列車内の物差しは収縮するし時計はゆっくり進むため、車内のプレイヤーにとって光速の50％で飛ぶピンポン玉は、車外からだと光速の80％として観測され

図1-7 光速は超えられない

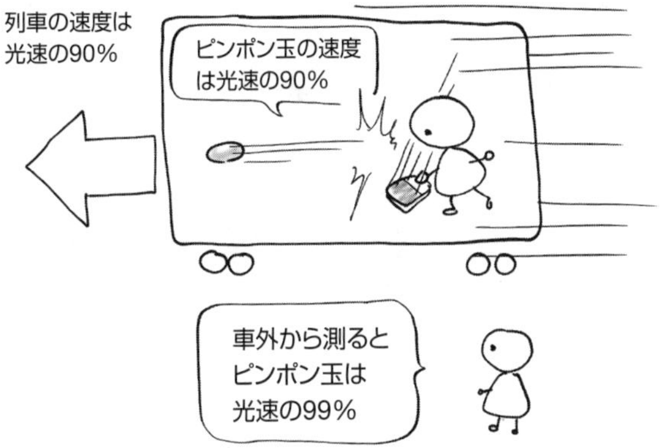


ます。光速には達しません。

列車を光速の90%で走らせ、サーブも光速の90%で打つと、ピンポン玉は車外から観測して光速の99%になります。やはり光速にはちょっと足りません。

光速よりも遅い列車から、物体を光速よりも遅く打ち出すと、その物体は車外から観測すると必ず光速よりも遅くなります。

光速以下の速度と光速以下の速度を合成しても、光速以上にはならないのです。

### 光速に近い速度の物体は極端に重くなる

物体が光速を超えられないわけは、別の理屈でも説明できます。

物体が運動すると、「質量の増加」という現象が起きます。

物体の速度が光速に近づくと、(別の慣性系から測った)質量が増加するのです。つまり、その物体は重くなります。ただし、その物体と同じ速度・同じ方向に動いている観測者にとっては、質量は静止時と変わりません。

これも相対論の不思議の一つです。質量という、何があっても絶対変わりそうにない性質が変わってしまうこと、しかもそれが観測者によって違う測定値になることは、あまりに非常識な主張なので、3回くらい聞き返したくなります。

でもやはりこの主張も、実験してみると正しいのです。粒子加速器という装置で光速近くまで加速された粒子は質量が大きくなります。

質量の小さな軽い物体に、力を加えるとたやすく加速してすっ飛んで行きますが、同じ力を質量の大きな重い物体に加えても、さほど加速しません。これは私たちが日常経験していることです。

光速に近い速度を持つ物体の質量は極端に重くなっています。(宇宙では、静止時の100倍だとか100万倍とかいったとんでもない質量まで増えた物体が見つかっています。)そこへ、さらに力を加えて加速しようとしても、ほとんど速度は変わりません。

このため、すでに光速に近い物体をさらに加速して光速にすることはできないのです。これが、物体を光速まで加速できない理屈です。(前節の説明と本質的に同じ説明なので、どちらでも納得しやすい方で理解して大丈夫です。)

### エネルギーは「物体の元気を表わす量」

ところで、運動する物体はエネルギーを持っています。

ここで「エネルギー」とは何かという説明を始めても、それはそれで面白い話になるのですが、光速の話題に戻れなくなるので別の機会にします。ここではエネルギーについて次のように簡単に述べておきます。

「運動している物体や、熱せられた物体や、縮んだバネや、充電されたバッテリーなどは、他の物を、ぶつかって運動させたり、接して熱したり、変形させたりすることができる。物体が持つ、運動させたり、熱したり、変形させたりする能力をエネルギーという」

どうしてここで熱やバネがでてくるのか混乱したかたは、「エネルギーは物体の元気を表わす量」とでもイメージして次に進みましょう。

運動する物体の持つエネルギー「運動エネルギー」は、運動が速いほど、また物体の質量が大きいほど、高くなります。

静止している物体の運動エネルギーはゼロです。ここに運動エネルギーを与えると、物体は動き出します。

この時、物体の質量は実は増加しています。

日常的な速度だとこの増加はごくごくわずかなので、普通の測定装置ではわかりません。静止質量100トンの飛行機が300 m/s で飛んでも、質量は0.1 mg も増えません。食卓塩と呼ばれる粉状の塩の小さめの粒が飛行機にくっつく程度の質量増加です。(日常的な速度における相対論効果はだいたいそんなレベルです。)

けれども速度が光速に近いと、質量はがんがん増えます。与えられたエネルギーが速度の増加にほとんど使われず、質量の増加に使われる、とも表現できます。

## あの超有名な数式登場

与えられたエネルギーと、増えた質量の関係は、簡単な式で計算できます。

その式は

$$E = mc^2$$

というものです。簡単に見えなかったならばお詫びします。

E は物体に与えたエネルギー、m は質量の増加分、そして c はもちろん主人公の一人である光速です。

この式は、物体にエネルギーを与えて加速すると、それに応じて質量が増えることを示しています。$c^2$はその比例定数です。

c は30万 km/s というとんでもなく大きな数値なので、それを2乗するととんでもなさも2乗されて、9京 $m^2/s^2$になります。90000000000000000 $m^2/s^2$です。

ほんの少量の質量でも、このようなとんでもなさの2乗を掛け算すると、左辺のエネルギーは莫大なものになります。

例えば、0.05 mgという質量は食卓塩の小さめの粒くらいですが、これに$c^2$をかけると、90億kg $m^2/s^2$＝90億J《ジュール》というエネルギーになります。このエネルギーは、100トンの飛行機を300 m/sで飛ばすことができます。

このように、物体に運動エネルギーを与えると、質量が増えます。（ただし莫大なエネルギーを与えても、質量の増加はごくごくわずかです。そのため、日常的な速度では全然変化がわかりません。）

次は、実は運動エネルギーに限らず、熱エネルギーでもバネの弾性エネルギーでも、どんなエネルギーも質量に等しい、という話をします。

## エネルギーと質量は同じもの

さてエネルギーとは、他の物に働きかけて運動させたり変形させたりする能力のことでした。そういう能力を持つ物体はエネルギーを持っています。運動している物体が持つ運動エネルギーの他、さまざまな形態のエネルギーがあります。

例えば縮んだバネは、「弾性エネルギー」を持ちます。縮んだバネはびょーんと伸びる際に他の物体を押して運動させられるからです。バネを押し縮める時は、バネに弾性エネルギーを与えています。

熱せられた物体は「熱エネルギー」を持ちます。簡単に、熱を持つ、といってもいいです。物体を熱するということは、熱エネルギーを与えるということです。

他にも、充電されたバッテリーはエネルギーを持ち、高い塔の上に持ち上げられた物体はエネルギーを持ち、御飯やガソリンは化学エネルギーを持ち、世の中には多種多様なエネルギーがあります。

実は運動エネルギーだけでなく、こうしたさまざまなエネルギーは、全て質量を持ちます。エネルギーにわけへだてはありません。

バネを押し縮めて弾性エネルギーを与えると、バネの質量が増えます。縮んだ状態のバネは、元の状態よりほんのちょっぴり重くなっています。ただしその差は現在のどんな精密な秤《はかり》でもわからないくらいです。

水を熱してお湯を沸かすと、水に熱エネルギーを与えたことになります。この時水の質量もちょっぴり増えています。どれくらいちょっぴりかというと、プールにいっぱいの500トンの水を0 ℃から100 ℃に温めると、2 mg質量が増えるくらいです。やっぱりこれも現在の技術では測定できません。

他にも、充電されたバッテリーはちょっぴり重くなり、物体を高い塔の上に持ち上げると、物体と地球を合わせた質量がちょっぴり増え、御飯を消化したりガソリンを燃焼させたりすると、残った二酸化炭素や水蒸気などを合わせた質量は最初よりもちょっぴり減っています。

エネルギーと質量は同じものなのです。「エネルギーと質量の等価性」などといいます。(ただし1 kgの質量と等価なエネルギーは約$10^{17}$ Jなので、宇宙が等価とみなす関係は人間の感覚だとだいぶ不平等です。)

## 原子力についての的外れな説明

ところでこのエネルギーと質量の等価性は、原子力兵器あるいは原子力発電の説明として持ち出されることが世間ではしばしばあります。

「アインシュタインの見いだしたエネルギーと質量の等価性を応用して、原子爆弾（または原子力発電）は、わずかな質量から莫大なエネルギーを得る。原子爆弾（または原子力発電）が働く時、核燃料の質量がわずかに減る」、という具合です。みなさんこういう説明を1度や2度は聞いたことがあるのではないでしょうか。（聞いたことがなければ次の節に飛んでかまいません。）

しかしここまでの説明を読んだみなさんにはおわかりのように、核エネルギーに限らず、縮んだバネでも充電したバッテリーでもバスタブに張ったお湯でも茶碗一杯のガソリンでも、どんな形態のエネルギーでも質量と等価です。

なので縮んだバネが伸びて何かを弾いた時でも、「エネルギーと質量の等価性を応用して、バネは、わずかな質量から莫大なエネルギーを得る。バネが働く時、バネの質量がわずかに減る」といってよいことになります。

つまり、原子力兵器や原子力発電の説明に、エネルギーと質量の等価性を持ち出すのは的外れです。

では核分裂のエネルギーは何なのかというと、これは主に、原子核内の「陽子」の間の反発から生じます。

原子核内部には陽子という粒が詰め込まれていますが、陽子はプラスの電荷を持っていて、このため互いに反発します。原子核はこれを狭い中にぎゅうぎゅうに押し込めたもので、たくさんのバネをぎゅうぎゅうに押し縮めたように、エネルギーを持っています。原子核が割れると、押し縮められたバネがびょーんと伸びて、破片が高速で飛び散ります。飛び散った原子核の破片はそこらの物にぶつかって壊したり熱したりします。

これが核分裂からエネルギーを得る原理です。

## もしも光速が遅かったら、世界経済は大混乱に

宇宙で最も大事なことなので何度もいいますが、光速は299792458 m/s、およそ秒速30万 km です。基礎物理定数の中でもとりわけ安定・安心・信頼の定数で、誰がいつ、どんな運動をしながら測っても同じです。

光速の値なんて私たちは日頃意識せずに人生を送っていますが、その人生は光速がこのような値であるために成立しています。もしも光速が違う値だったら、人生は全然異なるものになるでしょう。

もしも光速が違う値だったら、宇宙はどんな姿をしていたでしょうか。どのような世界に私たちは住んでいたでしょうか。

例えば明日からもしも、光速が30 m/s、つまり1000万分の1になったなら、世界はどう変わって見えるでしょうか。これはだいたい時速100 km、自動車や列車でもだせる速度です。

今日まで光は1秒に地球を7周半する速さでしたが、光速が1000万分の1になると、地球1周に15日かかります。電波や光通信でアメリカに呼びかけて、返事がく

るのに1週間くらいかかります。国際電話もオンライン・ゲームもできなくなるでしょう。ニューヨーク市場の暴落は1週間経たないと東京市場に影響しません。世界経済は電報の登場以前の状況になるでしょう。

### 「相対論的100 m走」は走るうちに94 m走になる

では運動する物体には何が起きるでしょうか。

短距離走の選手は100 mを約10秒で走ります。これは明日から光速の3分の1の速度ということになります。この速度だと相対論の効果が現われます。計算してみると、その影響はだいたい6%です。

まずフィッツジェラルド＝ローレンツ収縮のため、観客からすると選手の厚みは6%ほど薄くなります。静止時に30 cmなら、走っている時には28 cmに縮みます。(大した違いではない気がします。)

スタート地点からゴールまでの距離は100 mのはずが、走っている選手にとっては6%短くなって94 mになります。(これは選手にとって無視できない違いでしょう。)

時間のゆっくり化のため、選手にとって走行時間は6%短くなります。観客と審判にとって10秒なら、選手の腕時計では9.4秒です。これは記録を左右する重大な違いに思えます。

しかし審判のストップウォッチはゆっくり化の影響を受けないので、9.4秒で新記録樹立にはなりません。選手が抗議しても駄目でしょう。

ちょっとややこしいのが選手の体重です。相対論によると、運動エネルギーを与えられて走る物体の質量は増加します。ということは、走る前には体重100 kgだった選手は走りだすと6%増えて106 kgになるのでしょうか。そしてゴールで止まると100 kgに戻るのでしょうか。

いえ、そうはなりません。

走る選手の体重がどう増減するかは、その運動エネルギーがどこから来たかによります。

選手が走る時の運動エネルギーの源は、選手が食べた朝食です。選手の体は炭水化物などを酸素と化合させる反応を利用して、筋肉の繊維を収縮させ、それによって走ります。つまり、炭水化物などが持っていた化学エネルギーが運動エネルギーに変換されています。

そして6 kgの運動エネルギーを生みだすには、6 kgの化学エネルギーが必要です。(化学エネルギーの一部は運動エネルギーにならずに、熱になって体外に捨てられたりしますが、それは考えないことにします。また、選手は呼吸も発汗もしないとします。)

するとどういうことになるかというと、走る前に100 kgだった選手(と体内の朝食)は、光速の3分の1で競技場を走っている時も、観客が体重測定してみると100 kgです。

そして走っている間、体内の朝食が化学反応で二酸化炭素や水に変わります(が、計算の都合上、息や汗は止めてもらいます)。この化学変化で化学エネルギーが減るため、選手と朝食の静止質量が減ります。選手が走り

**図1-8 光速が遅い世界の100 m走**

ながら自分の体重を測ると、6% 減って94 kg になっています。

そして選手がゴールして止まると、観客の測定と選手自身の測定は94 kg で一致します。さっきまで持っていた6 kg 分の運動エネルギーは、止まる時の摩擦熱などで周囲に渡り、それによって体重が減ったのです。(代わりに熱エネルギーを受け取って温められた周囲の地面や空気は質量が6 kg 増えています。)

## エネルギーは勝手に消えたり生まれたりしない

光に近い速度で運動すると質量が増えるといわれたのに、今度は減るといわれて、もしも混乱したら御免なさい。

この事情は「エネルギー保存則」で説明されると納得できるかもしれません。(できないかたはスキップして結論へどうぞ。)

「保存」というのは物理学独特のとっつきにくい表現ですが、「勝手に消えたり生まれたりしない」という意味です。「エネルギー保存則」は「エネルギーが勝手に消えたり生まれたりしないルール」と読み替えてください。(明日から光速が変わるというのは、本来ルール違反ですが、エネルギー保存則のような他の物理法則はできるだけ守ることにします。)

このエネルギー保存則というルールがあるため、選手は体の外からエネルギーを取り込まない限り、体のエネルギーは増えません。

エネルギーは質量と同じものなので、エネルギー保存則は質量保存則でもあります。どういうことかというと、スタート前に選手の質量を観客が測定して100 kgならば、選手が走りだしても勝手に増えることはなく、やはり100 kgなのです。

相対論的な速度で運動する列車や乗客の質量が、出発前よりも増えるのは、列車外からエネルギーを注入されて加速した場合です。これなら与えられた分だけ質量が増えます。

選手は体内に入れた朝食の化学エネルギーを運動エネルギーに変えて走りだしますが、観客からすると選手の持つエネルギーは保存されるため、質量は変わりません。止まる時には運動エネルギーを周囲に捨てるため、持っているエネルギーが減り、質量も減ります。

光速が1000万分の1だと、この時減る質量が6%にもなるのです。

### 階段を5 m昇れば体重が6%減る「相対論的ダイエット」

結論ですが、あなたが体重の6%を減らすには、10 m/sで走ればいいということがわかります。走った後に測ると、運動エネルギーが失われた分だけ体重が減っています。そのうえ無駄に失われた化学エネルギーもあるはずなので、体重は6%以上減るでしょう。

光速が30 m/sの宇宙では、エネルギーに等価な質量はかなり大きいです。そのため、ちょっとエネルギーが出入りするだけで質量が目に見えて増減します。

光速に無関係な豆知識ですが、競技場を10 m/sで走る時の運動エネルギーは、階段を5 m昇る位置エネルギーに等しいです。つまり1階から3階くらいまでです。競技場をそんな速さで走るのはトップアスリートでないと難しいですが、階段を昇ることは筆者のような運動弱者にもできます。階段を5 m昇ったら、トップアスリートの疾走に匹敵する仕事をしたと思ってください。

したがって光速が1000万分の1の世界では、階段を5 m昇って降りるだけで、体内の化学エネルギーは体重の6%以上消費され、体重が少なくとも6%減ります。

このように、光速が遅い世界では（物理学的な意味でなく体を動かす方の）運動の効果は覿面《てきめん》に現われます。これは相対論的ダイエットと呼んでいいのではないでしょうか。

ヒトの1日の消費カロリーは約2000 kcalで、これは国際単位系に換算すると800万Jです。（カロリーを廃止してエネルギーの単位をジュールに統一すれば、こういう計算も不要になるのですが。）

これをさらに$E = mc^2$の関係を用いて質量に換算すると、9トンほどになります。

つまり光速が30 m/sの世界では、生命を維持するためには毎日9トンの食事を摂らないといけません。

ただし9トンの食事は山のような体積の食事を意味しているわけではありません。

畑で日光を浴びて育った作物は、原料の二酸化炭素や水に比べて、化学エネルギーの高い複雑な分子でできています。作物がこの分子を作る際には、日光のエネルギーを化学エネルギーに変えて分子に封じ込めます。この化学エネルギーのため、この分子1個は、私たちにお馴染みの分子1個よりも大きな質量を持つことになります。光速が遅い世界での、9トンの化学エネルギーを持つ食事は、体積や分子の個数で比べると、私たちの食事とあまり変わらないでしょう。

しかし、光速が遅い世界に私たちの知るような分子が果たして存在できるのでしょうか。順番に考えていきましょう。

## もしも光速が遅かったら、太陽は凍りつく

作物が育つのに必要な日光は、太陽表面から放射される光です。

太陽や炭火や、近頃ほとんど見られなくなった白熱電球のフィラメントといった、温度を持つ不透明な物体からは、光が放射されます。この放射は「黒体放射《こくたいほうしゃ》」と呼ばれますが、呼び名は覚えなくてもかまいません。温度が高いほどこの放射は強く明るくなります。

光速が1000万分の1になると、黒体放射の効率は100兆倍になります。

どうしてそうなるのかをごく簡単にいうと、光速が遅くなると光の波長が短くなり、すると放射をする物体の表面積が広くなったのと同じ効果を生むためです。物体

の表面積が広くなると、放射の総量は多くなります。

放射の効率が高いとどうなるかというと、低温の物体も強くぎらぎら光って多量のエネルギーを撒き散らすようになります。

私たちの太陽から放射されるエネルギーは3.86×$10^{38}$ W《ワット》、すなわち386万Wの1京倍の1京倍というわけのわからないくらい膨大なものです。これを放射する太陽の表面温度は5777 K《ケルビン》、つまり5500℃で、もう何もかも融ける高温です。

ところが光速が1000万分の1になると、黒体放射の効率が高いため、太陽表面がこれほどの高温でなくても同じ量のエネルギーをぎらぎら放射できます。計算すると、太陽表面は1.8 K、つまり−271.3℃に下がります。何もかも凍りつく極低温です。

この極低温下では、太陽の主成分である水素はかちかちの固体になり、全元素中で最も凍りにくい物質のヘリウムも（ちょっと圧力が必要ですが）屈服して凍ります。つまり太陽も他の恒星も惑星も凍りつくでしょう。

黒体放射の効率が高いと、世の中の熱エネルギーのほとんどはこのように放射に使われてしまい、物体を温める方には分配されません。

光速が1000万分の1になると、宇宙は、凍りついた低温の物体がそこかしこに浮かび、その間の空間を光が満たす、清潔で寂しいところになるでしょう。

## 見知らぬ原子で作られる宇宙

光速の遅い世界に、低温であれ高温であれ、「物質」が本当に存在できるかどうかは、考察してみる必要があります。存在するとしても、私たちの知っている原子や分子からなる物質とは違う物質になると思われます。

どうしてそうなるかというと、それは原子の成り立ちに理由があります。

私たちの知っている原子は、原子核というプラスの電荷を持つ粒を中心に、マイナスの電荷を持つ電子が周囲に集まってできています。原子核と電子は電気力で引き合い、その力が原子の構造を決め、原子の構造が元素の化学的性質を定めています。

磁気力もまた、原子を形作る重要な要素です。原子を構成する電子はじっとせずにくるくる動き回っていますが、くるくる動き回る電子は1個の電磁石とみなせるからです。

電子どうしは電気力と磁気力によって複雑な力をおよぼしあい、それが原子の複雑な構造を作り、周期表に並ぶ千差万別な元素の豊かな性質を生みだしているのです。

一方これまで説明していませんでしたが、光はまたの名を「電磁波」といい、電気的な性質と磁気的な性質を両方備えています。

ここでは、明日から光速が1000万分の1になると仮定して、他の物理法則にはできる限り手を触れずに、世界にどんな変化が生じるか考えているわけですが、電磁気学の法則や物理定数を全く変えずに光速を遅くすることはできません。光速は電磁気学の物理定数の一つだからです。

そこで、電気力の法則か磁気力の法則か、少なくともどちらか一方に変更が必要になるのですが、ここでは磁気力をいじくることにしましょう。具体的には、「真空の透磁率《とうじりつ》」という物理定数を100兆倍にします。

（後でもう一つの基礎物理定数である電子の電荷について話をするので、ここではストーリーの都合上、電子の電荷と電気力には変化がないことにします。）

すると、電子と電子の間に働く磁気力は100兆倍になります。これは、原子の中で働く電気力を圧倒する強さです。

原子の本来の構造は、メインの電気力と、それより弱い磁気力によって形作られています。しかし圧倒的に強い磁気力は、この構造を根本的に変えてしまいます。そうなったら、原子内部をくるくる周回する電子がどのような軌道をとるかは、磁気力によって決まるでしょう。原子のエネルギーも、安定性も、他の原子とどう結合するかも、全て磁気力に支配されます。

現在の光速のもとでは、電子どうしは電気力で反発するので、結合することはありえません。しかし光速が1000万分の1になったら、いくつもの電子が磁気力によって結合する状態が生まれるでしょう。この世界にはない新しい「原子」の誕生です。

そんな新物質からなる環境は、どのような元素があり、どのような化合物がどのような反応をしているでしょうか。

これは予想することが大変難しいです。原子核と電子というごく単純な素材から作られたはずの原子が、元素ごとに多種多様な性質を示します。この事実からは、新しい原子や元素の性質を予想することの困難さが「予想」できるでしょう。

けれども筆者の想像では、光速や磁気力が異なる世界もまた、多種多様な物質に満ちた豊かな世界という気がします。

# 第2章　重力定数Gで宇宙の構造がわかる

## 地球が丸いのも重力のおかげ

この章の主題は重力定数Gです。

重力は私たちを支配している力です。私たちは生まれ「落ちる」と、床に寝転がって身動きもままならない状態にまず置かれます。重力にあらがって初めて立ち上がると、家族から拍手を浴び褒《ほ》め讃《たた》えられます。

雨は重力に引かれて天から降り注ぎ、低きに流れて川となり、山を削り谷を埋め、そうした作用によって地球の丸い形が保たれています。天体が丸いのも重力のおかげです。

重力は生活や自然環境を支配するばかりでなく、宇宙の構造をも決定しています。

地球や火星や木星などの惑星は、重力に引かれて規則正しく太陽を周回します。時計のように精確な天体の運行はニュートンの万有引力の法則にしたがいます。

ニュートンの時代から技術が進歩して、電波やニュートリノや重力波などをとらえる新しい観測装置が、遥か遠方の奇妙な物理を映しだすと、宇宙の姿は一変しました。極めて強い重力を持つブラック・ホールという天体がそこかしこに浮かび、物質を呑み込んだり、衝突したりしています。宇宙はかつて「ビッグ・バン」と呼ばれる大爆発とともに誕生し、今も膨張を続けています。

重力定数Gは重力の強さを表わす基礎物理定数です。ニュートンの万有引力の法則によってデビューし、アインシュタイン（再び登場）の相対論でも活躍します。宇宙の誕生と成長を決定し、今あるような構造を作っている定数なのです。

## 「重さ」と「質量」は別のもの

重力は、質量と質量の間に働く引力です。とりあえずこの段階ではそのように説明しておきます。

質量という言葉を普段使いするかたはあまり多くないかもしれません。本書ではさんざんこれまで使ってきたのに今さらですが、質量とは物質の量を表わす基本的な物理量であり、「キログラム」で測られます。水1Lの質量は1 kg、成人の質量は40 kg～90 kgくらいです。

キログラムで測るならそれは「重さ（重量）」では、と思われるかもしれません。が、物理学では重さと質量は区別します。物理学では、物質の量を表わすには質量とキログラムを用います。

一方、重さ、あるいは重量と呼ばれる量は、質量に働く（地球の）重力を指します。月に行くと体の重さは6分の1になりますが、質量は変わりません。

実は重さをキログラムで測るのは正しくなくて、力の単位で測るべきなのですが、それをやると世間の慣習とかけ離れてしまい混乱を招くので、ここではそれはやめておきます。

目の前に置いたボトル入りの水も人体も地球も月も太陽もどれも1個の質量です。

これらの質量の間には重力が働きます。ボトル水と人体は互いに引き合い、人体と地球は互いに引き合い、太陽と地球は引き合い、人体と太陽も引き合います。ありとあらゆるものは互いに引き合い、その組み合わせを全て列挙するにはページもお使いのデバイスの記憶容量も足りません。ありとあらゆる万物が有する引力なので、万有引力とも呼ばれます。

これらの中で体感できるのは、地球が人体を引く重力だけでしょう。どんなに思い切り飛んだり跳ねたりしても、この力が地球に引き戻します。転ぶと膝をすりむきます。

1 m離れた1 kgの水が人体を引く力は、それに比べて30億分の1くらいなので、人間も、現在の最も鋭敏な測定装置も、気づくことはありません。

このように、重力はか弱い力です。1 kgの質量を2個、1 m離した場合、両者に働く重力は$6.67430 \times 10^{-11}$ N《ニユートン》です。

突然現われましたが、「ニュートン」は力の単位です。史上最高の科学者とも呼ばれるアイザック・ニュートン(1643-1727) にちなみます。(誰が史上最高の科学者か、ニュートンかアインシュタインかそれとも他の誰かか、という熱い議論は別の機会にしましょう。) 1 Nの力を1 kgの質量に加えると、1 $m/s^2$の加速度が生じます。1 Nは1 kg $m/s^2$とも表わされます。

1 kgの質量を2個、1 m離した場合、間に働く重力が$6.67430 \times 10^{-11}$ Nであることを、「重力定数Gは$6.67430 \times 10^{-11}$ N $m^2$ $kg^{-2}$」と言い表わします。Gは重力の大きさを表わす基礎物理定数です。数字と記号がやたらでてきたことをお詫びします。

### か弱い重力が宇宙を支配しているのはなぜか?

重力は電磁気力などの他の力に比べてか弱い力です。

例えば、原子を構成する電子と陽子は、電気力で互いに引き合っています。電子も陽子も質量を持つので、両者の間には重力も働いています。比べてみると、電子と陽子の間に働く重力は電気力の $3 \times 10^{-42}$ 倍、つまり1兆分の1の1兆分の1のさらに1兆分の1の100万分の3くらいです。

これほど弱い力を形容する言葉はちょっと見つからないほど弱いです。(ところで「圧倒的」という言葉は「強い」や「大きい」などを修飾するにはぴったりですが、「圧倒的に弱い」にはなんだか違和感を覚えます。)

電気力は重力を圧倒するため、電気力で引き合う物体どうし(例えば電子と陽子)は軽々と重力を振りきって引っ付き、電気力で反発する物体どうし(例えば電子と電子)は重力をものともせずに別れて飛び散ります。

正や負の電気を帯びた物体が、そうやって電子などをやりとりして電気的に中性になると、そこで電気力は消えます。そうするとこれは、電磁気の力は重力に比べて圧倒的に強いため、かえって中和されて消えてしまうという、ちょっと意外な事態になります。宇宙ではこういう現象がよく見られます。

一方、重力は中和することができません。重力を打ち消す「反質量」あるいは「負の質量」のようなものは見つかっていません。おそらくそういうものはなく、質量は常に正です。中和できないので、大きな質量が集まると、か弱い重力も無視できない強さになります。

そうして宇宙では、電気的にほぼ中性な質量の塊が、互いに重力で影響をおよぼしあう光景が、あちこちで見られるというわけです。例えば地球と月、例えば太陽と惑星、例えば無数の恒星を有する天の川銀河などです。

地球や月のような岩石の塊や、太陽のようなガスの塊、天の川銀河などは、宇宙の始まりからそこにぷかぷか浮いていたわけではありません。

地球や月や太陽は、46億年ほど前、宇宙を漂う希薄なガスや塵《ちり》が集まって作られました。天の川銀河はそれよりもっと前の時点で、ガスやダーク・マターという正体のよくわからない物質が集まって作られました。

そしてそれらを集めて塊としたのは重力です。

希薄なガス状の水素やダーク・マターの中に、わずかに濃い部分がたまたま生じ、そこは弱い重力の中心となって周囲のガスを引き寄せ、そのためにますます濃くなり、したがって重力もますます強くなり、徐々に巨大なガスの塊となったのです。

これは単純化した説明で、実際の過程はガスのエネルギーや角運動量が外に放出されるもうちょっと複雑な工程ですが、基本的には天体を生みだしたのは重力です。

つまり、今あるような宇宙の形は、か弱い重力によって作られているのです。

その重力を定義する基礎物理定数が、重力定数Gというわけです。

## ニュートン、重力定数を人類に紹介する

1687年、ニュートンは『自然哲学の数学的諸原理』、通称『プリンキピア』と呼ばれる本を発表しました。これは「運動の三法則」と万有引力の法則が記された、世界初のニュートン力学のテキストブックでした。

運動の三法則とは、「慣性の法則（第一法則）」「運動方程式（第二法則）」「作用・反作用の法則（第三法則）」のことです。これと万有引力の法則を合わせて、さらに微積分という数学と掛け合わせると、りんごや月や惑星や大砲の砲弾や人工衛星といった諸物体の運動が精確に計算できます。エネルギーや運動量などの物理量や、その保存則などの物理法則が導かれます。

ニュートン力学は、あらゆる物理学の基礎となる、大変強力で美しい体系です。

それを初めて説いた『プリンキピア』は人類史に残る名著です。その後の全ての科学技術はこの本から始まったといえます。世界の行く末を変えた本の1冊でしょう。

ただし『プリンキピア』は読みにくい不親切なテキストブックで、ニュートンはこれを意図して難解に仕上げたといわれます。わかりやすく書くと素人が議論に首を突っ込むと考えて、それを嫌ったということです。ニュートンのような天才にのみ許される執筆態度でしょう。（私も1冊くらいはそういう本を上梓《じょうし》してみたいものです。賛同してくださる出版社はどこかにないでしょうか。）

幸い、『プリンキピア』の出版から300年以上が経過した現在では、科学の才はニュートンほどでなくても親

切さでは遥かに優る著者たちによる無数の教科書が入手可能なので、ニュートン力学を学ぶのに『プリンキピア』に頼る必要はありません。各自に合った教科書が選べます。

### 地球とあなたは同じ強さで引っ張り合っている

さて『プリンキピア』の最後の方に載っている万有引力の法則、あるいはニュートンの重力法則は、こんな数式で表わされます。

$$f = G\frac{m_1 \times m_2}{r^2}$$

あわてて文章で表現すると、次のようになります。

2個の質量の間には重力が働く。その強さは、質量間の距離の2乗に逆比例し、2個の質量の積に比例する。

重力が距離の2乗に逆比例するとは、質量どうしが近いほど、それらが引っ張り合う重力は強くなることを意味します。遠く離れると弱くなります。弱くはなりますが、ゼロにはなりません。2個の質量を光で何年もかかるほど遠く離しても、微弱ではありますが重力で確かに引っ張り合います。

また、質量の積に比例するため、質量が大きくなると重力は強くなります。これは直観的に理解できるでしょう。片方の質量が地球ほどに大きくなると、重力はあなたが今感じているほどに強くなります。

また、重力は両方の質量に平等に働きます。あなたを今引っ張っている地球の重力と正確に同じ強さの重力で、あなたは地球を引っ張っています。（これは運動の第三法則である作用・反作用の法則の一例でもあります。）この体が結構強い重力を地球におよぼしているなんて、なんだか不思議です。

重力が質量の積に比例することから、落下物は質量の大小によらず同じ加速度で落下するという、重力の特殊な性質が説明できます。この性質は「落体の法則」とも呼ばれます。

落体、つまり落下物は、地球の重力に引っ張られて運動する物体です。質量の大きな物体と質量の小さな物体を手に持って、同時に放せば、同じ加速度で落下し、同時に着地し、この法則を証明できます。この法則は、光速の章でランタンを持って光速測定実験を行なったガリレオ・ガリレイが発見しました。（光速測定と違い、落体の法則の実験は成功しました。）

重力が質量の積に比例するため、地球は質量の大きな落下物をそれだけ強く引っ張ります。しかし大きな質量は、強い力で引っ張ったり押されたりしても、たやすく加速されません。ある力で引っ張られた時、質量が10倍なら、加速度はそれに反比例して10分の1になります。

大きな質量は強い重力で引かれるけれどもたやすく加速されないため、結局その加速度は小さな質量と同じになります。そうして、大きな質量も小さな質量も同じ加速度で落下するという、落体の法則が成り立つのです。

落下の加速度を「重力加速度」といいます。

地球表面の重力加速度は約10 m/$s^2$です。キリがよくて計算しやすい数値なのは地球の親切です。これを用いると、落下開始から1秒経つと落下速度は10 m/s、10秒経つと100 m/s、といった計算が、物が落ちる間にできます。重力加速度を覚えておくと人生のさまざまな局面で役に立ちます。

さてニュートンの『プリンキピア』は、重力が質量の積に比例し、距離の2乗に逆比例すると述べていますが、比例定数がいくらなのかは述べていません。ニュートンの時代には、その比例定数、すなわち重力定数を測定することができませんでした。

重力は極端に弱いため、重力定数Gの測定には高度な実験技術が必要です。（本書で紹介する基礎物理定数c、G、e、hは、どれも測定に高度な技術が必要です。）

重力定数Gを最初に測定したのは、次に紹介するヘンリー・キャベンディッシュ（1731-1810）です。キャベンディッシュはフィクションに登場するマッド・サイエンティスト像に極めて近い人物でした。

### 重力定数を最初に測定したキャベンディッシュの実験

重力定数を測定する原理は簡単です。質量のわかっている2個の物体（例えば0.73 kgと158 kgの鉛玉）を用意し、両者が引き合う重力を測定すればいいのです。それから両者の距離を物差しで測ってちょこっと掛け算と割り算をすれば、重力定数Gが求められます。

### 図2-1 キャベンディッシュの実験装置

2個の小さな鉛玉(0.73 kg)が、2個の大きな鉛玉(158 kg)の近くにぶら下げられている。小さな鉛玉が大きな鉛玉に重力で引かれると、鉛玉をぶら下げる天秤棒がわずかに回転し、吊っているワイヤがねじれる。このねじれを測定すれば重力がわかる、という原理。

出典:Henry Cavendish, 1798, "Experiments to Determine the Density of the Earth," Philosophical Transactions 88, p469.

しかし言うは易《やす》し行なうは難《かた》し、鉛玉が引き合う重力は極めて弱く、これを測るには相当優れた実験の腕と工夫が必要です。

キャベンディッシュはこれを1798年に成功させました。

図2-1は、キャベンディッシュの論文にある実験装置の図です。(200年以上前の実験の論文を読んで、その方法を検討できるのだから、科学という手法は大したものです。)

か弱い重力を検出する敏感な実験装置は、風も振動も温度変化も敏感に感じてしまいます。人間がそばを通っただけで、ワイヤは揺れたりねじれたりして、実験は台無しになるでしょう。

キャベンディッシュは実験装置を（広大な）屋敷の一室に設置すると、自分はとなりの部屋から装置を操作し、測定目盛りを望遠鏡で読み取りました。

そしてその結果を用いてちょこっと掛け算と割り算をすると……重力定数Gが求まるはずなんですが、キャベンディッシュは地球の密度を求めただけで満足してしまいます。重力定数よりも地球の密度に興味があったようです。

キャベンディッシュの実験結果を用いて重力定数を求めると、現在の測定値に比べて0.5%ほど大きな値となります。史上初の測定で、誤差がたったの0.5%とは、驚きの精密さです。

この実験は「キャベンディッシュの実験」と呼ばれます。ただし、キャベンディッシュの行なった驚くべき実験は、これに限らず多数あります。

## 孤独な天才ヘンリー・キャベンディッシュ

ヘンリー・キャベンディッシュは1731年に貴族の家に生まれました。莫大な資産を相続しましたが、贅沢には興味がなかったようで、ほとんど手付かずで死後に残しました。

キャベンディッシュが興味を持ち、その生涯を捧げたのは科学でした。

例えばキャベンディッシュは電気力の測定実験を1772年に行ないました。これは重力の測定実験と同じくらい重要な研究でした。が、ひそかにノートに記しただけで、発表しませんでした。

1785年、シャルル＝オーギュスタン・ド・クーロン(1736-1806)は、独自の実験からキャベンディッシュと同じ結果を得ました。クーロンはキャベンディッシュと違って自分の研究結果を発表したので、電気力の物理法則は現在「クーロンの法則」と呼ばれます。

このように、キャベンディッシュは優れた科学実験を行ない、いくつもの発見をし、誰よりも深く自然を理解しましたが、そのうちわずかしか発表しませんでした。彼の死後何年も経ってから、そのノートを読んだ人々は、そこに時代を先取りした研究や洞察を見いだして驚きました。

キャベンディッシュは化学にも実験の才を発揮しました。1766年に水素を新元素として発見し、続いて1785年には空気の中に微量に含まれている謎のガスを見つけました。

100年経った19世紀末、この謎のガスは未知の元素と認められ、アルゴンと名付けられました。

19世紀には、アルゴンをはじめとする不活性ガスの存在は知られておらず、当時の周期表には不活性ガスを入れる余地はありませんでした。化学者たちは頭を悩ました末、周期表を1列広げて、アルゴンやヘリウムやキセノンなどの不活性ガスの領域を作りました。こうして現代的な周期表の形が整いました。

キャベンディッシュの発見の真価が理解されるまで、100年の年月と化学の進歩が必要だったのです。

キャベンディッシュの数少ない論文は、英国王立学会の発行する学術誌『哲学紀要』に掲載されました。王立学会は世界最古の科学者の団体です。「英国」で「最古」ときたらもう世界で最も由緒正しいといっていい気がしますが、その『哲学紀要』が現在も発行されて電子版が読めることも驚異的です。(ところで、「王立royal」とは英国王室が設立したという意味ではなく、民間の組織や団体が自称してよいことになっていて、王立学会も民間の団体です。)

キャベンディッシュは優れた科学者として王立学会の会員から尊敬されていましたが、付き合いの難しい人物としても有名でした。平たくいうと変人でした。彼は極端に無口で内気で、流行遅れの服をまとい、人との交際をできる限り避けました。

かといって全く社会性がなかったわけではなく、週に1度の学会の食事会には毎回参加し、それがほぼ唯一の社交でした。科学への情熱がなければおそらく全然社会と関わらなかったのではないでしょうか。

キャベンディッシュは会話の輪には加わらず、一対一でしか話をしませんでした。それも相手が知り合いで、かつ男性の場合に限られました。キャベンディッシュの意見を聞きたい会員が話しかけると、その内容にもしもキャベンディッシュが興味を持ったならば、もごもごと返事が返ってきました。そうでない場合、迷惑気な甲高い声を発して、人に邪魔されない隅の方へ逃げ去ったということです。

またキャベンディッシュは女性を極度に恐れました。女性と口がきけず、自分の屋敷の女中とはメモでやりとりしました。女中と顔を合わせることを避けるため、自分専用の階段（別の文献によると専用の出入口）を設置しました。不運にも屋敷内で彼と出くわした女中はその場で解雇されたという伝説が残っています。（ひどい主人です。）

科学と同じくらい孤独を愛したキャベンディッシュは死も独りで迎えることを望みました。

死期が迫ったのを悟ると、（男性の）召し使いにしばらく部屋を離れるように命じました。命令にしたがった召し使いが戻ってみると、すでに息を引き取っていたと伝えられています。78歳、1810年のことでした。

### 宇宙は時計のように精確に運行している？

さてニュートンが人類に紹介した重力定数は、こうしてキャベンディッシュによって測定されました。

重力定数の値がわかると、それとともに地球の質量もわかります。したがってキャベンディッシュは地球の質量を測ったともいえます。ちなみに地球の質量は約$6 \times 10^{24}$ kg、約60万トンの1京倍です。

地球ばかりでなく、太陽も木星も土星も、これまで質量が求まるとは思わなかった天体の質量がどんどん決まってしまいます。キャベンディッシュの実験によって宇宙の謎が解明されました。少なくとも解明への道が拓かれました。

かつて惑星などの天体は、人間にとって、天上の特別な法則にしたがって神秘的な運動をする存在でした。

けれどもこうして天体は科学の研究対象になり、その質量まであからさまにされ、すっかり神秘的な存在ではなくなってしまいました。

そして解明されてみると、天体も、地上のりんごのようなありふれた物体も、ニュートン力学にきっちりしたがっていました。宇宙は時計のように規則正しく整然と運行していたのです（と、当時の人々は思いました）。それを支配し、計算してのけるニュートン力学はすごい威力です。もう科学の威力で何もかもわかりそうです。

## ラプラスの魔

ニュートン力学はあまりにも強力で衝撃的だったため、18世紀から19世紀には、これで何でも計算できるという楽観的な雰囲気が生じました。もう天体は神秘的な存在ではなく、世界の説明に神は必要ありません。説明には一握りの物理の法則があれば足ります。まだ電磁気のような未解明の法則は残っていましたが、その解決は時間の問題と思われました。そうして全ての物理法則が明らかになって、宇宙を全部理解できる日が、今にやってくるでしょう。

こうした、「宇宙は機械のように動いているもので、神や霊魂はなく、いくつかの物理法則によって理解し計算できる」という見方は、「機械論的自然観」あるいは単に「機械論」と呼ばれます。

この科学への信頼に満ちた楽観的な思想は、キャベンディッシュと活躍した時期が重なるフランス人数学者ピエール＝シモン・ラプラス（1749-1827）がうまいこと言い表わしました。

> ある知性が、与えられた時点において、自然を動かしているすべての力と自然を構成しているすべての存在物の各々の状況を知っているとし、さらにこれらの与えられた情報を分析する能力を持っているとしたならば、この知性は、同一の方程式のもとに宇宙の中の最も大きな物体の運動も、また最も軽い原子の運動をも包摂《ほうせつ》せしめるであろう。この知性にとって不確かなものは何一つないであろうし、その目には未来も過去と同様に現存するであろう。
>
> （ピエール＝シモン・ラプラス、1814、『確率の哲学的試論』〈内井惣七訳、1997、岩波書店〉）

……大変格好いいです。

ラプラスが述べているのは、もしも宇宙における全ての物体の現在位置と速度がわかれば、ニュートン力学の手法でその軌道が計算できる、ということです。神が奇跡の力で物体をひょいと動かすことはありません。物理学の方程式で表わせない現象もありません。未来のできごとは現在の状況によって完全に決まっていて、原理的に計算可能です。

これは物理学、特にニュートン力学に対する深い信頼の宣言です。ニュートン力学に多大な貢献をした、ニュートンの信奉者ラプラスならではの発言です。

ここに登場する、宇宙のあらゆる物体の軌道を計算する架空の存在は、「ラプラスの魔」と洒落た名をつけられて有名になりました。(神も魔物も存在しないという信条の表明が魔物を創造したことは皮肉な成り行きです。)

ちなみにラプラスの魔の元となったこの文は、『確率の哲学的試論』という著作の序文です。ラプラスの魔を引用する人のうちどれくらいが、この本の本文を読んでいるのか、ちょっと気になってしまいます。

## 銀河の質量を求めた天文学者、困惑

重力定数Gを測定すると地球や太陽や木星、土星の質量がわかっちゃう、と述べましたが、いったいどうやるんでしょうか。

地球の重力はつねひごろ私たちを含む地上の物体を引っ張っているので、この重力を測って、重力定数と組み合わせて少々計算をすると、地球の質量はわかります。

太陽は水星や金星や火星や他の惑星や小天体のことも引っ張っているので、この重力を測れば太陽の質量がわかるのです。これらの天体は引っ張られて太陽をくるくる周回しているので、そのくるくる運動から太陽の重力が測定できます。求まった質量は約$2 \times 10^{30}$ kg、地球の約30万倍です。

木星や土星は、それぞれをくるくる周回する衛星をしたがえているので、そこからやはり質量が求められます。

この手法は天文学で広く応用されています。

ある物体の質量を測りたいなら、その物体がおよぼす重力を測り、重力定数と組み合わせて計算すればいいのです。

これで例えば天の川銀河だって質量が測定できます。

私たちの太陽は天の川銀河の重力に引かれ、約２億年の周期でくるくる周回しています。天の川銀河を構成する約1000億個の恒星は、太陽と一緒にくるくる周回しています。「上」から見ると、コーヒーに浮かべたクリームのようです。「上」から見た人は天の川銀河の中にはこれまで一人もいないので想像ですが。

この約1000億個のくるくるから、天の川銀河の質量が求められます。天の川銀河というのは地球や太陽のような球体ではなく、1000億個の恒星のぼやっとした集合なので、ちょっと計算方法が違いますが、ともあれ計算してみると、私たちの太陽１兆個分になります。

……これはなんだか重いですね。1000億個の恒星の質量が大きいのは当たり前と思うかもしれませんが、それにしても大きすぎます。

重力を利用して天の川銀河の質量を測ると、天の川銀河をなす恒星やガス全部を合わせた質量よりも、数倍大きな値がでてくるのです。

天文学研究者は困惑しました。

## 宇宙の主要成分はダーク・マターだった

天の川銀河に限らず、宇宙に散らばるどの銀河でも(質量測定がうまくいくものは)そういう傾向が見られます。銀河というものは、恒星と、ガスと、それを上回る正体不明の質量からできているようなのです。

この謎の質量は、他の観測手法では見えないので、「ダーク・マター」とか「暗黒物質」などと呼ばれます。

銀河というものは、恒星の集合というよりも、ダーク・マターの塊という方が正確です。そこにおまけのように少々付け加わった物質が恒星や観測可能なガスなのです。

実はこの宇宙は見かけどおりではなく、見えもしないし正体もわからない「物質」の方が宇宙の主要成分だったのです。

ダーク・マターの正体は何でしょうか。その存在が知られてから100年近く経つのに、まだわかりません。今のところ有力な説は、未知の素粒子というものです。人類がまだ粒子加速器で確認することに成功していない素粒子が、宇宙空間に大量に浮いているという説です。

これは、木星サイズの小型天体が大量に存在するという説や、ブラック・ホール説や、既知の素粒子説など、知っている物体がどれ一つ当てはまらないので、おそらく正体は知らない物質だろうという消去法のような説です。

ダーク・マターの正体は、現在の物理学の重要な未解決問題です。

この正体を突き止めるため、理論面からも実験的にも、精力的に研究が進められています。宇宙空間や地下に粒子検出器を設置して、未知の素粒子が出現する気配はないか、この瞬間にも監視されています。

もしかしたら明日にでも、ついにダーク・マターの正体が判明したというニュースが飛び込んでくるかもしれません。

それにしても、ニュートン力学が若かったころの、時計のように規則正しく運行する整然とした宇宙は、人類が質量を測っているうちにすっかり変貌を遂げてしまいました。

## 一般相対性理論を超わかりやすく解説します

さて、ニュートンの見いだした重力の法則は、アインシュタインの一般相対性理論によってバージョンアップされます。

ニュートン力学によって描きだされた宇宙のイメージは、アインシュタインの理論によって、ぐにゃぐにゃ伸びたり縮んだりする時間と空間といった恐ろしくわけのわからない宇宙像に描き変えられます。時計のようなニュートン宇宙に愛着を持っていた人々は、バージョンアップされてすっかり様子の変わったアインシュタイン宇宙を眺め渡して嘆きました。

（ただし前述の機械論的自然観は、相対論の登場するずっと前に流行らなくなっていました。機械論的自然観の人気が落ちたのは相対論のせいではありません。）

一般相対論とはどのような物理学理論でしょうか。簡単に説明することはできない理論ですが、簡単に説明しましょう。

一般相対論によれば、時間と空間（合わせて「時空」）というものは、伸びたり縮んだりしわが寄ったりするものだといいます。特に、質量の近くではそういう伸び縮みが生じます。

そしてそういう伸びたり縮んだりしわの寄ったりした時空を別の物体が通過する際には、まっすぐ進めずに軌道がぐにゃりと曲がります。それが重力の効果なのだ、というのがこの理論の主張です。投げたボールが放物線を描いたり、太陽を周回する惑星が楕円軌道を描くのは、そこの時空が歪んでいるためなのです。

## 一般相対論が難しいといわれる二つの理由

一般相対論の難しいところは二つあります。一つは、一般相対論の使う数学の難しさです。

光速の章で紹介した特殊相対論は、高校レベルの数学を知っていれば、基本のところは理解できます。

けれども一般相対論を学ぶ学生は、「リーマン幾《き》何《か》学《がく》」だとか「テンソル解析」なるものに遭遇して、四苦八苦しながらこの概念を呑み込まなければなりません。さらに運悪く（運良く？）数学好きな教師に当たってしまった場合は、そこに「多様体」や「微分形式」なども参戦し、教室は学生の呻吟《しんぎん》と怨嗟《えんさ》の声で満たされます。

（ところでアルフレッド・ベスターによるSF小説『分解された男』には、

八だよ、七だよ、六だよ、五
四だよ、三だよ、二だよ、一
《もっと引っぱる、》いわくテンソル
《もっと引っぱる、》いわくテンソル
緊張、懸念、不和がきた

〈アルフレッド・ベスター、1953、『分解された男』
［沼沢洽治訳、1965、東京創元社］〉

なる歌がでてくるのですが、これはこうした授業の情景を詠んだものかもしれません。）

リーマンなんとかだとかテンソルかんとかだとかいったこれらの呪文は、伸びたり縮んだりしわの寄ったりした3次元空間や4次元時空をあつかうための数学です。紙を折ったり粘土などで立体を工作したりすることは、子供にとっては楽しい遊びですが、ああいう遊びを数学的に記述しようとすると、かなり高度な数学概念が必要になるのです。

アインシュタイン自身も一般相対論のアイデアを考えついた時、それを数学的に表わすのに手こずり、友人の数学者マルセル・グロスマン（1878-1936）に相談して、リーマン幾何学を学びました。そういういきさつで、一般相対論の初期の論文は、グロスマンとの共著として書かれています。

そして一般相対論のもう一つの難所は、歪んだ時空を頭にイメージするところです。一般相対論のあつかう、伸びたり縮んだり波うったりする3次元空間や4次元時空を思い描かないと、アインシュタインのいうことは理解できません。

アインシュタインを除くほとんどの人は、歪んだ時間と空間をイメージする必要がない人生をそれまで送ってくるので、初めてこれに接して目を白黒させることになります。

しかしこの難しさは、複雑な数式の難しさとやや性質が違います。

歪んだ時空というものは、もちろん突飛な概念ではあるのですが、これをイメージするのに実は数式は必要ありません。

リーマン幾何学を知らなくても、折り紙や粘土細工で遊ぶことはできます。またニュートン力学を知らなくても、キャッチボールや自転車の運転はできます。

同様に、テンソル解析をマスターしなくても、少々練習すれば、伸びたり縮んだりする時空を思い描くことができるのです。

一般相対論の2番目の難所は、1番目を迂回しても挑戦できるのです。

## 時間は縮み空間は伸びる

質量の近くでは時間がゆっくり進みます。

このため、質量に時計を近づけると、時計の進みはゆっくりになります。

この効果は極《ごく》わずかです。特殊でも一般でも、相対論の効果はたいていそうです。地球のような巨大な質量の

**図2-2 時間は縮み空間は伸びる**

地球のような巨大な質量の近くでは空間が伸び、時間の進みがゆっくりになる。

表面に置かれた時計と、地球から遥か遠くに離れた時計とで、その進みの違いは10億分の1よりも小さいです。

けれども最新の時計技術は精度が極々《ごくごく》高く、この程度のわずかな違いを検出できてしまいます。

光格子時計（238ページ）を用いた実験では、東京スカイツリーの展望デッキと地上階の時間の進みの違いが検出されました。高さ450 mの展望デッキに比べると、地上階は450 m地球に近いので、時計が約$5 \times 10^{-14}$、つまり0.000000000005%ゆっくり進むのです。普段気づくことはありませんが、地表で暮らす私たちの時間は（地上階と同じくらいの標高なら）、スカイツリーの展望デッキよりもゆっくり進んでいます。

また質量は周囲の空間を伸ばします。

どういうことかというと、例えば1 m先のペットボトルに手を伸ばして触れるとします。この時、ボトルが空《から》で質量が小さいならば、1 m手を伸ばせば触れることができます。

けれどもボトルが水で満たされていて質量が大きい場合には、1 mよりもほんのちょっぴり余計に手を伸ばさないと触れることができません。どれほどちょっぴり余計に伸ばすかというと、ボトルが1 kgならば、約$10^{-27}$ mで、これは手を構成する原子の原子核よりも小さいです。とんでもなくちょっぴりですね。

ペットボトルの重力は現在の技術では検出できないほど小さいので、その相対論効果はもっと小さくなり、検出は絶望的です。

では地球ならどれほど空間を伸ばすでしょう。先ほどと同じくスカイツリーの展望台から地上階まで糸を垂らすと、地球という質量がなければ450 mの糸で届くはずが、空間が伸びるために、450 mと$3\times10^{-7}$ m、つまり1万分の3 mmほど余計に必要になります。（これは現在の距離測定技術なら検出可能な気がします。）

## 放り投げたボールは時間の違いを知る

質量が時間や空間におよぼす影響は、最新測定技術でも検出できるかどうかぎりぎり、というわずかなものです。

しかしこれはなんだか不思議に思えます。

アインシュタインによれば、時空の歪みが重力の正体だということですが、これほどわずかな影響が、私たちを常に地面にしばりつけ、逆らえば転んで膝をすりむくこの強大な重力を、本当に作れるのでしょうか。落下するりんごや放り投げられたボールは重力にしたがって運動しますが、時空の歪みがこんなにわずかなら、したがい損なって見当違いの方向に落下したりしないでしょうか。

ここで時空の歪みがボールの運動にどう働くかを説明しましょう。

実はボールは、時間の流れの違いを敏感に嗅ぎ分けて、それによって軌道を決めています。（ボールが光に比べて遅いなら、空間の伸びはほとんど影響しません。）

キャッチボールの場合、ボールは投げ手から受け手へ、軌道を描いて移動します。

ここで、投げ手から発して受け手に至るさまざまな軌道を想像してみてください。想像するだけなら、物理的に不可能な軌道も含めて、無数の軌道を描けます。

ボールがある軌道をたどると、出発してから到着するまでの間に、数秒分ボールは歳をとります。そして相対論の教えるところでは、どれほど歳をとるかは、軌道によって違います。

ボールの経過時間は投げ手や受け手の経過時間と同じではありません。ボールが最も歳をとる軌道は、投げ手や受け手にとって最も時間がかかる軌道とは、意味が違います。時計をボールとともに軌道に沿って動かしてみて、移動中に時計の針が最もたくさん進むような軌道が、最も歳をとる軌道です。

ボールが地面近くを通る軌道では、地球に近いため時間がゆっくり進み、比較的歳をとりません。

また地球を離れて高空を飛ぶ軌道を通るには、速く動かないといけないので、時間のゆっくり化が起きて、やはりそれほど歳をとりません。

結局、放物線を描いて上方を通る軌道が最も歳をとります。

そしてボールが実際に選ぶ軌道は、この最も歳をとる軌道なのです。

ボールやりんごや月が重力に引かれて運動するということは、ボールやりんごや月が、重力の影響下で、ある軌道を選んで通るということです。なので、どのような軌道が選ばれるかが物理学理論によって説明できたら、その理論で重力の効果が説明できたことになります。どのような軌道を選ぶかというルールがすなわち重力の法則です。

一般相対論によると、ボールやりんごや月によって選ばれる軌道は、最も歳をとる軌道です。伸びたり縮んだりしわの寄った時空の中に、物体が最も歳をとるような軌道を描いてみると、重力の影響を受けた物体の軌道になります。太陽の周囲の時空では軌道は楕円になり、地球の表面では放物線になります。

**図2-3 ボールは最も歳をとる軌道を通る**

これが、一般相対論が物体の運動を決める原理です。一般相対論の手法を数式を全く使わずに説明すると、このような表現になります。

さて地表のボールの運動なら、一般相対論で予想しても、ニュートンの重力法則を用いて予想しても、同じ軌道が得られます。

一般相対論とニュートンの重力法則の違いが顕著になるのは、光速に近い物体あるいは光そのものの軌道や、極めて強い重力の関わる現象です。

例えば、光さえも脱出できない強大な重力を持つ天体、ブラック・ホールです。

## 光さえも脱出できないブラック・ホール

ブラック・ホールからは光さえも脱出できないとはどういうことでしょうか。

地球上でボールを上空へ放ると、みる間に上昇速度が遅くなり、やがて頂点に達して下降に転じ、数秒の後に地表に戻って来ます。ご存じ重力の効果です。上昇速度は1秒に約10 m/s ずつ減ります。

速く投げると、下降に転じるまでの時間が長くなり、頂点は高くなります。

ボールを投げるのがうまいヒト個体は、約40 m/s、つまり時速144 km 程度の速さで投げられます。この速さで真上に投げると、ボールは4秒上昇して80 m ほどの高さに達し、また4秒かけて戻って来ます。このような計算が楽にできるのは、重力加速度が10 $m/s^2$ というキリのいい値だからです。計算するたびに、自然の恵みへの感謝の念が湧きおこります。

ボールをもっと速くすると、様子がちょっと変わってきます。地球から離れると重力が弱くなるため、ボールがさほど減速しなくなるのです。

例えば高度2600 km まで昇ると、重力加速度は地表の値の半分になります。ここまでたどり着いたボールは、上昇速度が1秒に5 m/s しか減りません。この高さに到達するには、初速6 km/s が必要です。ヒトの腕力では無理なので、銃などで射出しましょう。

ボールをもっともっと速くすると、地球からさらに離れることができて、重力はますます弱まり、さらに減速は鈍くなります。

そして初速が約11 km/sを超えるボールは地球の重力を振りきります。速度は遅くなるものの、ゼロになることはなく、永遠に上昇が続きます。もう二度と地表には戻って来ません。

物体が天体の重力を振りきる速度は「脱出速度」と呼ばれます。

## 落ちるのにも無限の時間がかかる

脱出速度は天体によって異なります。天体の質量が大きいほど、また半径が小さいほど、脱出には高速が必要になります。

例えば太陽表面からの脱出速度は約600 km/sです。これまで人類が開発したどんな乗り物もロケットも弾丸も、太陽表面からは脱出できません。

小惑星探査機「はやぶさ2」が探査した小惑星リュウグウは、直径900 mほどの岩塊です。その脱出速度は約37 cm/sで、これは歩く速さよりも遅いです。星の王子様がリュウグウに降り立ったならば、軽く跳躍するだけでリュウグウから脱出できます。

そしてブラック・ホールは脱出速度が光速を超える天体です。質量のある物体を光速以上に加速することはできないので、つまりブラック・ホールから物体は脱出できません。

ブラック・ホールの近くでは、ボールをどんな速さで投げ上げても、どんな光を放射しても、ブラック・ホールの重力を振りきることはできません。ボールも光線も曲線を描いてブラック・ホールに舞い戻ります。その実験をした人は、戻って報告することも通信で伝えることもできません。

この強い重力は、ニュートンの重力法則の手には負えません。ブラック・ホールの性質はアインシュタインの一般相対論によって説明されます。

ブラック・ホールの近くでは、空間が伸び時間がゆっくりになるという一般相対論の効果が極度に激しくなります。そのため、ブラック・ホールに落下する物体を観察すると、落下に無限の時間がかかります。落下は徐々にゆっくりになり、ブラック・ホールの中心からある距離だけ離れたところで停止します。何がなんだか想像するのも困難なありさまです。

のんきにボールを投げていたかと思えば、いつのまにか時間がゆっくりになったり落下が停止したり、わけのわからないことになっていて、ブラック・ホールの話題は全く油断なりません。

## ここからはもう戻れない「シュヴァルツシルト半径」

落下物体が停止するところは、ブラック・ホールの「シュヴァルツシルト半径」あるいは「事象の地平線《イベント・ホライズン》」と呼ばれます。(回転するブラック・ホールでは両者は一致しませんが、ここでは違いを気にしないことにします。)

シュヴァルツシルト半径はまた、脱出速度が光速になる境界でもあります。この半径よりも内側に（無限の時間をかけて）入り込むと、もう外へ戻ることも通信することもできなくなります。事象の地平線という詩的な呼び名はこれに由来します。

シュヴァルツシルト半径は、天体の質量の2倍に重力定数Gをかけ、光速cの2乗で割った値です。これまでに紹介した2個の基礎物理定数を使って表わせるので、ここで紹介するのにぴったりな応用例です。基礎物理定数から宇宙を解読すると謳《うた》う本書の面目躍如です。

$$r = \frac{2Gm}{c^2}$$

か弱い小さな重力定数Gをかけて、光速cというとんでもない速さの2乗で割るので、シュヴァルツシルト半径はめちゃくちゃに小さな値となります。

## ブラック・ホールの作り方

ブラック・ホールを作るには、原理的には、地球でも太陽でもそこらの物体でもいいから、ぎゅうぎゅうに圧縮してそのシュヴァルツシルト半径以下に縮めればいいのです。

例えば太陽のシュヴァルツシルト半径は約3 kmです。現在のサイズの20万分の1以下です。太陽を20万分の1以下に圧縮すればブラック・ホールのできあがりです。

また例えば地球のシュヴァルツシルト半径はたったの9 mm弱です。地球をぎゅうぎゅうに圧縮してビー玉ほどに縮めると、ボールを脱出させるのに光速が必要となったり、落下が停止したりといった、奇妙な現象が現われます。

しかしそれほど小さく地球や太陽やそこらの物体を圧縮することは、人類の技術ではもちろん不可能です。自然現象でもそんなことはめったに起きません。

どれくらいめったに起きないかというと、天の川銀河の中で100年に1回以下と見積もられています。それくらいの頻度で、時おり恒星が圧縮され、ブラック・ホールに変化することがあるのです。

恒星のような潰れそうにない代物を20万分の1以下に圧縮する力は、か弱くて愚直な重力です。

そもそも恒星は、重力によって宇宙の希薄なガスが集まってできた、濃いガスの塊です。恒星はガスの圧力によって重力に対抗し、それ以上潰れないように踏ん張っています。

ガスというものは、温度が高ければ圧力も高くなり、温度が低下すれば圧力も低下します。恒星を形作るガスは、恒星内部で原子核が融合する際に生じる熱によって、高温を保っています。原子核の融合反応が止まると、熱源を失い、恒星はしぼんでしまいます。

熱源を失った恒星の運命は3通りあります。

比較的軽い恒星はしぼんだ末に「白色矮星」という、小さくて暗い星に変身します。

もっと重い星は爆発的に縮んで、「中性子星」というもっと小さくてもっと暗い星に変身します。「爆発的に縮む」というのも妙な表現ですが、重い恒星の最期の段階では、内部の原子核反応は急激に終了し、収縮は突如として起きるのです。これを「重力崩壊」とも呼びます。
そしてもっともっと重い星は、重力崩壊してブラック・ホールになります。これ以上暗いものはないくらい暗い星です。
重力崩壊の際には、恒星の体のうちブラック・ホール（か中性子星）の材料に使われなかった部分が宇宙空間に弾け飛び、「超新星爆発」を起こします。
超新星は宇宙最大の爆発ともいわれ、銀河全体に匹敵する明るさで輝きます。これを見て人類は、ブラック・ホール（か中性子星）がその銀河に誕生したことを知るのです。

## 宇宙はどんな形をしているのか

1915年、一般相対論のアイデアを発表したアインシュタインは、次に宇宙全体の形状や変化の研究に取り組みます。「宇宙論」という学問分野の始まりです。
宇宙全体の形状などという、思い描くのも困難な「もの」を、どう研究したらいいのでしょう。そもそも宇宙に形があるのでしょうか。
一般相対論以前は、宇宙がどんな形でどうしてそうなったのかについて、空想をめぐらすことは、神話やおとぎ話の領分で、それを科学的に行なう方法など、誰も知りませんでした。
しかしアインシュタインは、世界でただ一人、自分の考案した一般相対論こそ、宇宙の成り立ちを議論する道具であるとわかっていました。
アインシュタインはまず、宇宙の体積は有限であり、かつ定常である、つまり時間変化せず、未来も過去も変わらない姿で存在し続けると仮定しました。

（宇宙が有限かどうかは、実は現在の研究者も確信が持てないでいます。そして定常については、はっきり間違いだとわかっています。しかし学問分野を創始する一歩としては悪くありません。というか、偉大な仕事です。）

### アインシュタインが考えた宇宙の形「$S^3$」

ここで有限の空間について少々説明しましょう。なんだか頭がよじれるような概念ですが、実は数式を使わなくても理解できます。（ただし、数式を使わないから簡単というわけではありません。）

縦横高さの広がりを持つ空間を3次元空間と呼びます。数学では「多様体」という用語を使ってもっと緻《ち》密《みつ》な議論をしますが、ここでは大雑把な話で済ませます。

有限の3次元空間にはさまざまな種類があるのですが、アインシュタインが宇宙の形として採用したのは「$S^3$」というタイプです。「エスさん」という（星新一のショート・ショートの登場人物のような）読み方をする人が多いようです。日本語の教科書では「4次元の中の超球面」「3次元の超球面」「3次元球面」などと無秩序に呼ばれていて混乱状態なので、ここでは$S^3$と呼びます。ここ数ページほどは覚えていてください。

$S^3$宇宙は有限で、つまり大きさに限りがあり、どこか一方向に進んでいくと、元の場所に戻って来ます。

具体的に説明しましょう。例えばこの宇宙をアンドロメダ銀河の方向に進んでいくと、250万光年ほどでアンドロメダ銀河に達します。ここを突っ切ってさらに進むと、天の川銀河やアンドロメダ銀河の所属する「銀河群」を飛び出して、星も水素原子もダーク・マターもない極度に空っぽの領域にでます。

（光速より速く移動することは不可能ですが、$S^3$の説明をする場合には、光速を超える宇宙旅行を想像してもかまいません。）

この宇宙が$S^3$でも、そうでなくても、ここまでの旅路は同じです。

この宇宙が本当に$S^3$ならば、ここから先が違ってきます。

宇宙にはいくつも銀河団や銀河群が浮いています。そういう銀河群や銀河団を通過して旅するうちに、やがて前方に大きめの渦巻き銀河が現われます。その片隅には8個の惑星をしたがえた恒星があり、内側から3番目の惑星は、何もかも懐かしい感じの青色です。

地球に戻って来たのです。

$S^3$宇宙では、一直線に進んでいくと、ある距離進んだところで宇宙を一周して元の場所に戻ります。どの方向に進んでもそうなります。

これは、球面上を進んでいくと、一周して元の場所に戻ることに似ています。（実は球面は「$S^2$」という有限の2次元空間です。）

一直線に進むと元の場所に戻って来るということは、光を発すると、充分長い時間の後には、光が元の場所に戻って来るということです。そのため、性能の良い望遠鏡を空に向けて、光が宇宙を一周するほど長い時間待つと、自分の姿が見えます。

これをアインシュタインは「望遠鏡で宇宙の彼方を覗くと自分の後頭部が見える」と表現しました。$S^3$宇宙のうまい説明です。

## 宇宙の大きさはどれぐらいなのか

$S^3$宇宙を一周するには、どれほどの距離を旅すればいいでしょうか。その距離は宇宙の大きさを表わしています。

当時、宇宙の大きさについての人類の知識は不確かで、天の川銀河が全宇宙そのものだという説もありました。そこでアインシュタインは天の川銀河サイズの$S^3$を宇宙モデルとして考えました。これだと10万光年か20万光年ほど旅すると地球に戻って来ることになります。

話が前後しますが、1924年にエドウィン・ハッブル(1889-1953)は、アンドロメダ銀河が天の川銀河の外にあって、天の川銀河に匹敵する恒星の大集団であることを見いだします。そこで人類は、宇宙が天の川銀河よりもずっと大きく、天の川銀河もアンドロメダ銀河も宇宙に浮かぶ無数の銀河に過ぎないと知りました。

最近の観測データによると、銀河や銀河団が浮いている宇宙空間は、少なくとも半径500億光年程度は広がっているようです。ということは、もしもこの宇宙が$S^3$ならば、宇宙一周には1000億光年以上の旅程が必要です。おそらくもっとずっと大きいでしょう。

大きさは10万光年であれ500億光年であれ、この宇

## 図2-4 $S^3$宇宙

$S^3$宇宙では、一直線に進んでいくと、ある距離進んだところで宇宙を一周して元の場所に戻る。望遠鏡で宇宙の彼方を覗くと、自分の後頭部から発した光が見える。

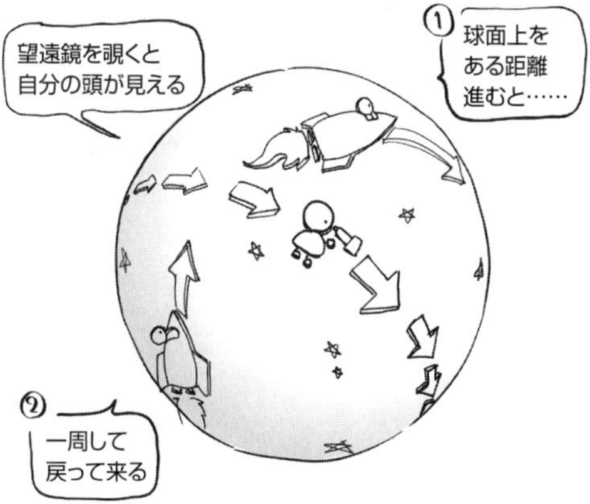


これは球面上を進んでいくと、一周して元の場所に戻ることに似ている。球面は「$S^2$」という有限の2次元空間だ。

宙の形が$S^3$だと仮定するならば、その数値や情報を一般相対論の方程式に代入して、宇宙の時間変化を計算することができます。

アインシュタインは、（おそらくワクワクしながら）その計算を実行しました。そしてその結果を見て狼狽《ろうばい》しました。

一般相対論の方程式からでてくる計算結果は、くしゃっと潰れてしまう宇宙を表わす解や、逆に際限なく膨張する解など、ろくなものがないのです。

この宇宙が定常で未来永劫過去永遠に存在し続けると信じていたアインシュタインは、そういう解が存在しないと知ると、一般相対論の方程式に変更を加えました。方程式に、ある定数項を付け加えると、定常的な宇宙が解として許されるのです。

こうやって付け加えられた定数項は「宇宙項」と名付けられ、変更された方程式にしたがう定常的な宇宙は「アインシュタイン宇宙解」と呼ばれるようになります。

こうして1917年、アインシュタインは人類初の宇宙論の論文を発表します。

## そして宇宙論が爆発的に始まった

アインシュタインの考えた宇宙解は、一般相対論の方程式の解の一つです。一般相対論の解は他にいくつもあるのですが、それはどういうことを意味するのでしょう。

方程式にはいくつもの解を持つものがあります。例えば「$x^2 = 1$」という方程式は、1と$-1$という2個の解を持ちます。

けれども「面積が1 $m^2$の正方形の1辺は？」という問題なら、解は1 mのみです。−1 mという答を書くとバツをもらうでしょう。

同様に、一般相対論の方程式の解は数学的にはいく通りもありますが、この宇宙を表わす現実的な解はそのうちの一つだけです。どれが正解かは、観測によって検証されます。観測データと矛盾する解ははね除けられ、整合する解だけが残されます。生き残った解はさらなる観測結果と突き合わされます。

さて、アインシュタインの宇宙論の論文は世界中の頭脳を刺激しました。彼ら彼女らは夢中になってこの新しいパズルに取り組み、いくつもの解を見つけました。

彼ら彼女らが喜々として報告してくるさまざまな解の中には、アインシュタインが相手にしなかった、くしゃっと潰れたりどんどん膨らんだりする宇宙も含まれていました。というより、そういう宇宙解の方が多いです。

宇宙は未来永劫過去永遠に変わらないという信条を持たない連中に、アインシュタインはいい顔をせず、そういう研究者は物理学のセンスに欠けているなどとぶつぶつ言ったと伝えられています。

### 他の銀河がどんどん逃げる!?

一方アメリカのウィルソン山では、ハッブルが望遠鏡を覗きこんでいました。

先に述べたようにハッブルは、銀河という天体が天の川銀河の外にあることを発見しました。当時、ウィルソン山天文台は口径2.54 m（100インチ）を誇る世界最大の反射望遠鏡を備え、これを用いると遠方の銀河までの距離が測定できるのです。

銀河までの距離を求めることに成功したハッブルは、さらにそれらの銀河の速度を測りました。(速度を測るにはドップラー効果という現象を利用するのですが、ここでは詳細は略します。)

すると驚いたことに、ほとんどの銀河が私たちの天の川銀河から遠ざかりつつあることがわかりました。遠方の銀河ほど高速で逃げています。

ハッブルはこの宇宙がどんどん広がっていることを発見したのです。1929年のことでした。

## 70億年前、宇宙は半分の大きさだった

ハッブルの発見は、この宇宙が膨張中であり、現実の宇宙を正しく表わしているのは一般相対論の膨張解であることの証拠です。これで、アインシュタイン宇宙解をはじめとする他の解は全員退場です。

そして宇宙が膨張しているということは、過去には宇宙が狭かったことを意味します。

仮に、現在の宇宙一周の旅程が1000億光年で、ある方向にそれだけ進むと元に戻るとするなら、過去にはもっと短い距離で宇宙一周ができたことになります。

膨張率の最近の測定値を用いて概算すると、宇宙の大きさは70億年前には現在の半分程度だったことになります。宇宙一周には500億光年ほど旅すればいいことになります。

もっと過去にさかのぼると、宇宙はもっと小さくなります。もっともっとさかのぼり、100億年から150億年くらい過去に戻ると、宇宙の大きさはゼロになってしまいます。

この宇宙は定常どころではなく、たったの100億年ちょっと前に、極めて小さな状態から始まったのです。これがハッブルの発見の意味するところです。

ハッブルの発見の重要性は、歴史をこうして振り返ってみると明らかなのですが、それが当時すぐに認められたわけではありませんでした。

その理由の一つに、ハッブルの測定した宇宙膨張率(「ハッブル定数」と呼ばれます)は後世の測定値に比べて7倍ほど大きかったことが挙げられます。当時の世界最高性能の望遠鏡でも、ハッブル定数の測定はかなり難しかったのです。

ハッブルのだした値を用いると、宇宙の年齢の計算値は20億年ほどになってしまい、これでは地層から求めた地球の年齢よりも短くなります。いくらなんでも宇宙の年齢が地球よりも若いという主張は説得力がありません。

膨張解がこの宇宙を表わす現実的な解だとわかって、宇宙は過去のある時点で爆発的に誕生したという考えが世に受け入れられるまでには、もっと精度のよいハッブル定数と、何世代もの時間が必要でした。

ともあれこうして、一般相対論が宇宙の形と時間変化を議論する道具であることが明らかとなり、どの宇宙解がこの宇宙に当てはまるかを観測データから決めるという手法が確立されました。
宇宙論という学問分野が始まったのです。

現在では、ハッブル定数などの物理量が極めて精度よく測定されています。これを一般相対論の方程式に代入すると、宇宙の年齢は138億年と求められます。

## もっと膨張する宇宙

この宇宙が定常でないならば、アインシュタインが方程式に付け加えた宇宙項は不要になります。
しかし今では、別の理由によって、宇宙項は重要で欠かせないと考えられています。
20世紀の終わりごろ、遠方銀河の遠ざかる速度を超精密に測定したところ、宇宙の膨張はこれまでずっと同じだったわけではなく、徐々に加速していることがわかりました。
すると宇宙を表わす現実的な解は加速膨張する解だということになりますが、そのような加速膨張解は宇宙項を含む方程式によって得られるのです。(宇宙項は、その値によっては、宇宙を定常にしたり加速膨張させたりします。)

ただし、この宇宙項が物理的にどんな意味を持っているのかは、まだよくわかっていません。宇宙項がゼロでないということは、これまで真空とみなされてきた空っぽの空間に、ある種のエネルギーが充満していることを示します。

そのエネルギーの正体は何でしょうか。誰も知りません。20世紀末になって突然現われた、それまで誰も気づかなかった見えないエネルギーです。正体は不明ですが、とりあえず名前をつけないと話になりません。見えないエネルギーという意味の「暗黒エネルギー」という名前をもらいました。

それから20年あまり、暗黒エネルギーについて人々は頭を悩ましていますが、わかったことはその名前くらいです。(もしもそれ以上のことをご存じでしたら教えてください。)

暗黒エネルギー以外にも、この宇宙について、まだわかっていないことはたくさんあります。びっくりするほど基本的なことがわからないままです。

例えば、宇宙の体積が有限か無限かもわかっていません。有限だとしても、$S^3$かどうか、大きさはどれくらいかも不明です。

宇宙の観測可能な範囲は半径約466億光年ほどですが、そのさらに遠くにもおそらく同じような空間が広がっていると考えられています。もっと先に進むと、$S^3$宇宙を一周して、地球に戻って来るのでしょうか。それとも宇宙は本当に無限に広がっていて、どこまで行っても戻って来ないのでしょうか。誰も知りません。

また宇宙が138億年前に始まったということを受け入れるとして、ではその「前」はどうなっていたのでしょうか。

一般相対論を単純に適用すると、その「前」はなかったことになります。（ある種の）膨張宇宙解は、時間も空間も時刻ゼロからスタートし、その「前」には時空が存在しません。

しかし一般相対論が厳密に時刻ゼロまで適用可能かというと、おそらく可能ではないだろうと考える人の方が多数派です。

どうやら宇宙というものは、理解が進めば進むほど、わからないことが増えていくようです。ニュートンの時代の、時計のように精確に運行し、一握りの法則で理解できる宇宙に、私もついあこがれてしまいます。

## もしも重力が強かったら、0.5ミリ秒で人類消滅

さてこの章ではこれまで、か弱い重力定数Gが宇宙を形作っているさまと、人類がそれを理解していく過程（あるいは理解していないことを思い知る過程）を見てきました。以下の節ではその締め括りに、もしも重力定数が大きかったら宇宙はどうなるか、少々考察してみましょう。

仮に、明日から重力定数Gが100万倍になったと仮定しましょう。新生重力定数は $G = 6.67430 \times 10^{-5}$ N $m^2$ $kg^{-2}$ です。

Gはもともと極めて小さかったので、100万倍してもなんだか冴えません。これでもまだ自然界の他の力に比べると弱小です。

例えば電子と陽子の間に働く重力を100万倍しても、

それでも両者の引き合う電気力の$4\times10^{-34}$倍、つまり1兆分の1の1兆分の1のさらに100億分の4くらいです。したがって重力の変化は（光速の変化と違い）、原子や分子の構造などには影響しません。

しかし100万倍の重力が私たちの生活におよぼす変化は重大です。

まず、そこらの物体があなたの体を引っ張る重力が感じられるようになります。質量1トンの自動車が1 m離れた50 kgの人体を引っ張る重力は約3 Nになります。これは普通の重力の下でビールの中ジョッキを持ち上げる時の力です。

地球の重力加速度は約10 $m/s^2$だったのが、約1000万$m/s^2$というとんでもない値になります。

これは白色矮星の表面重力と同程度ですが、そういわれてもあまりピンときませんね。白色矮星は東京ドームほどポピュラーな尺度ではありません。

重力加速度が1000万$m/s^2$になると、転倒や落下は致命的です。1 mの高さから落ちると、このエネルギーは普通の重力下における約1200 kmの落下に相当します。転んだが最後、人体は水たまりと化すでしょう。

転んだ、と書きましたが、体重が100万倍になったらもちろん立っていられるはずがありません。人体のあらゆるパーツが足元の地面めがけて落下します。

そして100万倍の重力下では、1 mの落下は0.5 msもかかりません。明日の0時から重力が100万倍になるなら、0時0.5ミリ秒過ぎには地球上に70億個の水たまりができているでしょう。

落下が速くなるということは、月や人工衛星の軌道運動も高速になるということです。

月が地球を周回する周期を1カ月といいますが、重力が強くなっても月の軌道半径が変わらない（つまり地球と衝突しない）と仮定すると、1カ月は40分になります。月はみる間に満ちて欠けて沈んで昇って元の位置に帰ってきます。

また、地球が太陽を周回（公転）する周期、すなわち1年は8時間46分になります。そうなると地球の自転周期よりも公転周期の方が短くなるので、地球から見た太陽の動きは主に公転によって決まり、日は西から昇って東に沈み、10時間ほどの周期でまた昇ってきます。

水たまりにならずに生き残った人々は、カレンダーを根本から作りなおさないといけません。

## 真っ黒な太陽が出現

太陽がめまぐるしく昇ったり沈んだりすると聞いて、明るい昼と暗い夜が数時間ごとにちらちら交代する光景を想像したでしょうか。

重力100万倍の宇宙では、おそらくそうはならないでしょう。なぜならば、我らが太陽はブラック・ホールになってしまうからです。

重力定数が100万倍になると、天体表面から物体が飛び去るのに必要な脱出速度は1000倍になります。太陽表面からの脱出速度は、現状で約600 km/sなので、1000倍すると光速を超えてしまいます。

つまり、太陽表面からは光も脱出できなくなって、ブラック・ホールの一丁あがりです。明るい太陽は消失し、宇宙に開いた穴ぼこのような物体が残るでしょう。昼も夜も空は暗く、そこを黒い太陽と黒い月が数時間ごとに横切るのみです。

私たちの宇宙では、太陽質量のブラック・ホールは半径が3 kmなので、太陽がブラック・ホールと化したら小さくて見えません。しかし重力定数が100万倍の宇宙では、太陽質量のブラック・ホールの半径は300万kmとなり、これは現状の太陽よりも大きいので、肉眼でも「見え」ます。

太陽の位置にある半径300万kmのブラック・ホールは、微弱な光のリングに囲まれた真っ黒な天体として見えるでしょう。暗くて見つけにくいですが、注意して探すと、背後の星を隠すので存在がわかります。

## 惑星は長生きできない

それにしてもブラック・ホールは、本当に実在するのか長いこと議論された存在ですが、重力100万倍の宇宙では目でそれが確かめられるわけです。一般相対論の効果も、もっと重力が強かったならば、多くが簡単に検証できたでしょう。

「重力波」もその一例です。

重力波は時空のしわが波となって伝わっていく現象で、一般相対論から予言されましたが、実際に検出されるまでに100年かかりました。この超絶的に検証の難しい現象も、重力100万倍の宇宙ではあちこちにその証拠が見られます。

太陽の重力が100万倍になっても、地球など惑星の軌道半径は変わらないと仮定したので、他の惑星も太陽（の変じたブラック・ホール）からの距離を保ったまま、すごい勢いで公転することになります。

しかしこの状態は長くは続きません。太陽（と呼んでおきますが実はブラック・ホール）の周囲を数時間程度の周期でぶんぶん公転する惑星は、重力波を放射して徐々に太陽に近づき、ついには呑み込まれます。

計算してみると、太陽に一番近い水星は（私たちの単位で）約2万年で軌道半径が縮んで、太陽（だったブラック・ホール）にすぽっと呑み込まれます。

（細かい話ですが、シュヴァルツシルト半径が大きいと潮汐力《ちようせきりよく》が弱いので、この時水星は破壊されないで丸呑みされそうです。すると降着円盤は形成されず、可視光線やX線は放射されないでしょう。）

惑星はこの調子で次々と呑み込まれていきます。地球は（やはり私たちの単位で）約5万年、木星は約10万年で呑み込まれるでしょう。重力100万倍の宇宙では、惑星は長生きできないようです。

## 今とは違う原理で宇宙は輝く

重力はやはり宇宙を支配する力です。重力定数が違えば、恒星や惑星やX線連星系のような見慣れた天体は存在しません。

しかし重力定数の違う宇宙には、その代わりに、私たちの宇宙と異なる仕組みで輝く天体があるかもしれません。

例えば、重力収縮によって輝くガス雲などという候補が思いつきます。

何度か説明しましたが、恒星はもともと宇宙空間に漂うごく薄いガスでした。それが重力で集まって縮み、温度が上がり、内部で核融合反応が点火されて、明るく輝く恒星となります。

重力定数100万倍の宇宙では、ガス雲が私たちの恒星サイズまで縮むと、ブラック・ホールになってしまって、輝くことができません。

しかしそこまで小さく縮まなくても、ある程度ガス雲がしぼんだだけでも、重力エネルギーが熱に変わり、ガス雲を温め、光として放射されます。重力が100万倍なら、単純に見積もって、放射されるエネルギーも100万倍です。これは光源として宇宙空間を照らし、熱源として惑星（に相当する天体）を温め、宇宙を明るくて活気のあるところにするかもしれません。

### 複雑で予想が難しい「恒星進化」

ここで少々脇道にそれて、私たちの宇宙の話をしますが、重力の働きで集まったガス雲がどのような天体になるかという研究は「恒星進化」と呼ばれます。

（「進化」は生物学では生物種の変化を意味する用語ですが、天文学では恒星の一個体の変化を指していて、意味が違います。どちらかというと、ゲームや創作で生物(?)個体の形状や能力が変化する現象を指していう「進化」に近いので、ゲームや創作における「進化」の乱用を苦々しく感じているかたがおられたら、天文研究者もそういうことをしてますよとこの場で告げ口しておきます。)

そして恒星進化は大変複雑で予想が難しい現象です。

恒星の材料は水素にちょっぴりヘリウムの混じったガスです。それがニュートンの重力法則という単純な法則にしたがって集まってできたのが恒星です。

ならばその進化は、容器に入れたガスの変化のように、簡単に予想できそうな気がします。個性といえばせいぜい、ガスの量によって、大きな恒星ができるか小さな恒星ができるかぐらいの違いではないのでしょうか。

ところができあがった恒星の群れは、膨らむもの縮むもの脈動するものとてんでんばらばらに振る舞って、組成も最初は水素とヘリウムだったのに、いつのまにか炭素や酸素やケイ素や鉄といった元素が湧いてでて、それが内部に層をなし、内部構造を作ります。そして最期には、小さく縮むものもあれば爆発するものもあり、そうなるまでの寿命も、最初のガスが少なければ長くて多ければ短いといった、単純な関係は当てはまりません。

これはめちゃくちゃに複雑です。あまりに複雑なので、天文研究者であっても、恒星進化を専門にしていないなら、ある質量のガスがどんな恒星になってどんな生涯を送るか、すらすら答えるのは難しいです。

この複雑さは、単純な材料からでも複雑で予想しがたい豊かな結果が生じるという、この世界の性質の一つの現われでしょう。

そういうこの宇宙の事情を鑑《かんが》みるに、重力定数の違う宇宙でガス雲がどう進化を遂げるか、ここで正しく予想するのは相当に困難です。

そこで、おそらく重力定数が異なっても、ガス雲からは千差万別の天体が誕生して、宇宙を豊かにいろどるだろう、と曖昧に述べておきます。

重力100万倍の宇宙では、この他にも、天の川銀河そのものが1個の超々極大ブラック・ホールになってしまって、私たちはそのブラック・ホールの内部で暮らすことになったり、宇宙膨張がゆるやかになったり、さまざまな異変が起きて話は尽きないのですが、そろそろ次の話題に移らないといけません。

次は電子や陽子の電荷eの話題です。

# 第3章 電子の電荷の大きさeで素粒子がわかる

## 電気現象は電子と陽子という粒々が起こしている

物理定数を紹介していく本書ですが、今度は電子という小さな粒の話です。電子の帯びている電気の量−eがこの章の主人公です。あるいは陽子という粒の電気の量+eといってもいいです。

私たちに身近な電気現象は全て、電子と陽子という粒々によって引き起こされます。特に電子の方です。乾燥した日にセーターがパチっと鳴ったり、洗濯機が回ったり、電車の中でこの文書を電子書籍として読んだりする時、そこには電子という粒が流れ、飛び、活躍しています。

したがって、電子（と陽子）についてわかれば、身近な電気現象は全てわかる……かというと、それがそうでもないのです。

電気現象と磁気現象をまとめてあつかう学問分野を「電磁気学」といいますが、電磁気学の法則にeは含まれません。eの値がいくらであっても、プラスでもマイナスでも、電磁気学の法則には影響がないのです。

ということは、eの値がどうして今あるような値なのかを考察しても、電磁気学の法則にはたどり着かないということです。

物理定数を知れば世の中がわかっちゃう、というのが本書の方針ですが、このeは例外で、eから電磁気学はでてきません。御免なさい。

それならeからいったい何がわかるのでしょうか。

eからは、この宇宙を作っている素粒子という粒々について、実に色々なことがわかるのです。

まず電磁気学から、順にお話ししましょう。

## 電気の量を測るには

デンキというものは、目に見えるわけではなく、摑みどころがなくて抽象的で、はなはだ理解しがたい相手です。

乾燥した日にセーターがパチっと鳴ったり髪が逆立ったりするのはデンキのせいだと説明されますが、洗濯機が回ったり電車が走ったりスマホが情報を伝えたりするのもやはりそいつのしわざだといいます。しかし逆立った髪とスマホに映しだされる画像や動画にいったいどういう関連があるのでしょうか。共通点があるように思えません。その両方をやり遂げるデンキとは何者でしょうか。

人類史のほとんどの間、電気とは、時々パチっと鳴るだけの、役に立たない、どちらかというと迷惑な存在でした。電気が洗濯機や電車やスマホを動かして人類に奉仕するようになったのは、ここ100年くらいのことです。

電気現象について人類が気づいた第一の性質は、それが物体から物体へと流れたり移ったりするもので、それが取り憑いた物体は互いに引き付け合ったり、逆に反発し合ったりするということです。

プラスチックの下敷きで摩擦されて、電気を帯びた髪の毛は、お互いに反発し、できるだけ離れようと身をよじります。同時に下敷きも電気を帯びますが、髪の毛の電気は下敷きの電気には引き寄せられて、そちらへくっ

### 図3-1 電気の性質

猫の毛皮と琥珀《こはく》をこすり合わせると
「電気流体」が移り、両者が電荷を帯びる

つこうと逆立ちます。

どうやら電気には2種類あって、同種の電気は反発し、異種の電気は引き合うようです。

この性質を利用して、電気の量を測ることができます。電気と電気の間に働く反発力あるいは引力を測り、それをもって電気量を測定しようというわけです。(質量と地球の間に働く重力の強さをもって質量を測定する、「秤」という装置の原理と似てますね。)

二つの物体を1m離し、それぞれに同じ電気量を(何らかの工夫によって)取り憑かせます。その物体が互いに約$10^{10}$ N《ニュートン》で反発するなら、その電気量を1C《クーロン》と数えます。電気量は「電荷」ともいいます。

電荷を測る単位Cは、フランスの偉大な科学者シャルル＝オーギュスタン・ド・クーロンに由来します。

クーロンは1785年に電荷と電荷の間に働く力を測定して、その法則を明らかにしました。

電荷と電荷の間に働くこの力は、「静電気力」とか「クーロン力」などと呼ばれますが、本書では簡単に「電気力」と呼んでおきます。

重力の章で登場したキャベンディッシュはクーロンに先んじてこの法則を発見していたのですが、自己主張の苦手なキャベンディッシュは発表せずにしまいこんでいたので、クーロンの法則を発見した名誉はクーロンに帰することになりました。

もしもキャベンディッシュが成果をきちんと発表していたら、電気力の法則はクーロンの法則ではなくキャベンディッシュの法則と呼ばれ、電荷の単位はクーロンではなくキャベンディッシュになっていたかもしれません。しかしクーロンの名はキャベンディッシュよりも発音しやすくて、単位名にぴったりなので、これでよかったのかも、という気もしますね。

## 電子の電荷eは$-1.602176634 \times 10^{-19}$ C

私たちに身近な電気現象は全て、電子と陽子という粒々によって引き起こされます。電子と陽子は原子の部品で、そこら中にあります。私たちの体にはおよそ$10^{27}$個の電子と陽子が入っています。

原子の部品として原子に収まっている電子と陽子をイラストに示します（図3-2)。

原子の中心には原子核という粒があります。原子核は陽子と「中性子」がくっつき合ってできています。原子

**図3-2 原子に収まっている電子と陽子**

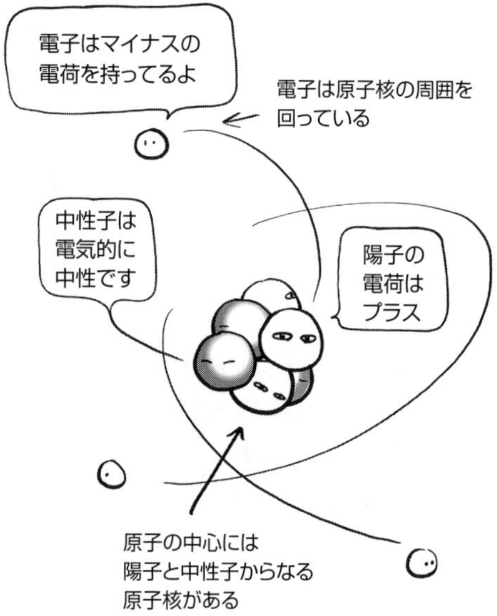


は極微の粒ですが、原子核は原子のさらに数万分の1程度の大きさです。

それほど小さな原子核ですが、原子の質量のほとんどは原子核に集中しています。電子の質量は陽子の1800分の1程度で、軽い電子は重い原子核の周囲をぐるぐる周回しています。

電気の量の単位クーロンで表わすと、電子の電荷は $-1.602176634\times10^{-19}$ C、陽子の電荷は $1.602176634\times10^{-19}$ C です。両者の電荷はマイナスとプラスで符号が違いますが、絶対値、つまり大きさは同じです。
一方、中性子という粒は、電荷を持たず、電気的に中性です。それゆえ中性子と呼ばれます。

電子と陽子の電荷は、どうしてプラスマイナスが反対で大きさは同じなのでしょうか。
実は、この疑問にきちんと答えられる人はいません。電子と陽子という異なる粒子の電荷が、絶対値が同じで符号が違う理由は、うまく説明できていないのです。
ともあれ電子と陽子の電荷の大きさが同じであるため、電子と陽子を同じ数だけ含む原子は、プラスとマイナスが打ち消し合って、電気的に中性です。これが通常の状態の原子です。

## 電気現象の原因は電子の「ポロリ」だった

しかし電子は原子からポロリと外れてさまようことがあります。残された原子は陽子が多くなるので、プラスの電気を帯びます。このポロリが、ほとんどの電気現象を引き起こすのです。
電気火花が飛んだり、電流が通ったりする時、流れたり飛び交ったりしているのは主に原子から外れてさまよう電子です。この電子には「自由電子」という格好いい呼び名があります。
陽子や、陽子を含む原子核は、電子よりも圧倒的に質量が大きいので、あるいは物質中に固定されているので、そういう時にほとんど動きません。（状況によっては動きます。）

例えば空気というものは、酸素分子や窒素分子がそこかしこにふわふわ漂っているものですが、ほとんどの体積は空虚な真空です。そこは自由電子が簡単に走り抜けられるところではないのですが、周囲の強い電気力に電子が突き動かされて無理矢理通り抜けることがあり、これが静電気の電気火花の原因となります。

この時電子はあちこちで酸素分子や窒素分子にぶつかって、そこの電子を叩きだしたり、光や熱を発したりして、「パチッ」と音を立て、ちくちくした感触を引き起こします。

また例えば金属というものは、金属原子が組み合わさった結晶ですが、これは電子にとってはすきまだらけでスカスカです。金属原子の間を多量の電子がうようよ泳いで行けば、金属を電流が流れたことになります。

分子にぶつかりながら無理矢理通過するにしろ、すきまをうようよ泳ぎ渡るにしろ、電子の集団が流れて行くなら、それは電流です。

(「電流が流れる」という表現は、馬から落ちて落馬している感があって、あまり使いたくないのですが、世間では普通に見られます。ためらいなく使っている教科書も多いです。本書でもつい使ってしまうことがあるかもしれませんが、その時は、作者が夜なべして原稿を書いているのだと思って御勘弁ください。)

## 世界中の子供を物理から遠ざけた犯人がいる

ところで電子はマイナスの電荷を持っているので、電子の流れる方向と電流の方向は逆になります。電流は電

**図3-3 電流のいろいろ**

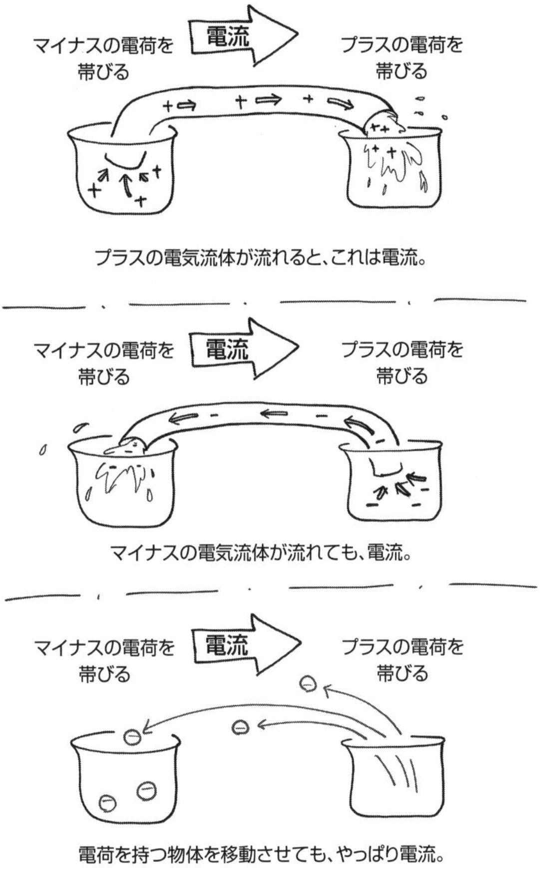
マイナスの電荷を帯びる
電流
プラスの電荷を帯びる
プラスの電気流体が流れると、これは電流。
マイナスの電荷を帯びる
電流
プラスの電荷を帯びる
マイナスの電気流体が流れても、電流。
マイナスの電荷を帯びる
電流
プラスの電荷を帯びる
電荷を持つ物体を移動させても、やっぱり電流。

池のプラス極からマイナス極へ流れ、電子は逆にマイナス極からプラス極へ流れます。(早速電流が流れると書いてしまったことをお詫びします。)

これはへんてこな話です。

電気について学び始めた初学者は、この電流と電子の不可解な関係に出くわして面喰らいます。これを受け入れないと先に進めません。読者のみなさんにも覚えがあるでしょうか。

学校でこれを習って混乱した子供は、全世界に何十億人もいると推定されます。少なくない数の子供が、ここで早々に物理学を断念したのではないでしょうか。

もしも電子の電荷がプラスなら、電流の方向と電子の移動方向が一致するので、このような混乱は起きなかったでしょう。より多くの子供が物理学を理解できたでしょう。

どうしてこのような不可解で混乱した状況が生じたのでしょうか。

実は、電子の流れる方向と電流の方向が逆になったのには、わけがあります。このような混乱を招いた「犯人」が存在するのです。

電子の電荷がマイナスになったのは、アメリカの政治家で科学者のベンジャミン・フランクリン (1706-1790) のしわざなのです。

## フランクリンの凧

フランクリンはアメリカ合衆国の独立の立役者として、

歴史の教科書に載っています。独立戦争の際にはフランスの貴族や知識人を説得し、アメリカへの支援を取り付けました。

この時、フランクリンが著名な科学者だったことも、彼の言葉に説得力を与えました。彼は電気の研究で世界(欧米のこと）に知られていたのです。

18世紀当時の電磁気学、というか電気学の研究対象は、静電気や電気火花や放電でした。

みなさんが電気の初歩の実験と聞いて思い浮かべるのは、豆電球を光らせたり電磁石でクリップを吸い寄せたりといった遊びではないかと推察しますが、そういうものはこの時代には不可能でした。なぜかというと、乾電池、つまり化学電池がまだなく、連続的に流れる安定した電流が手に入らなかったのです。

乾電池や豆電球や電磁石といった、私たちにとっての子供のおもちゃは、どれも18世紀には夢のテクノロジーで、当時の科学者に見せたら目の色を変えて欲しがることでしょう。

フランクリンは摩擦電気を発生させる機械などを用いて電気火花をぱちぱち飛ばして研究していましたが、そうするうちに、雷も一種の電気火花ではないかという(正しい）考えに思い至ります。雲にたまった電荷がぱちっと火花を飛ばして地面に流れるのが雷の正体だという説です。

フランクリンはこの説を確かめるため、雷の日を待ち、金属棒をつけた凧を空中高く上げました。凧糸には金属

図3-4 フランクリンの凧

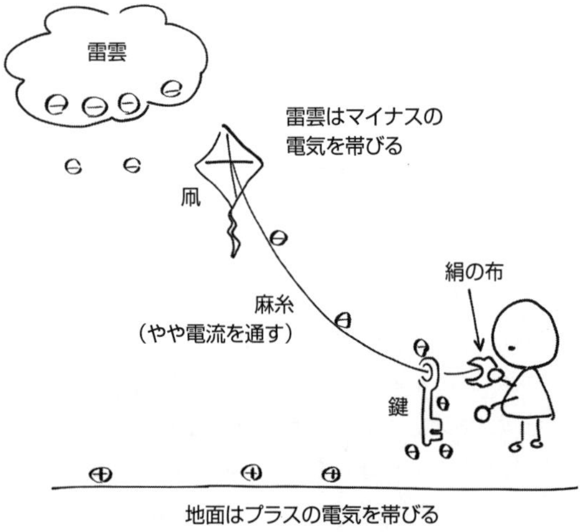


の鍵がぶら下げられました。雷が大規模な電気火花で、雲に電荷がたまっているならば、金属棒から鍵まで電荷を導けるはずです。

地面近くに垂れ下がった鍵に、フランクリンが指を近づけると、電気火花が飛んで指が痺れ、フランクリンの考えが正しいことを示しました。フランクリンは雷から電荷を集め、「ライデン瓶」という装置に電荷を蓄えることに成功しました。

この実験は「フランクリンの凧」と呼ばれて有名になりました。そのため1752年6月15日のフィラデルフィアの天気は世界に記憶されています。

ただしこれは極めて危険な実験です。これを追試しようとして、感電して死亡する事故が起きています。真似しないでください。

余談ですが、フランクリンが雷の電荷をためるのに使ったライデン瓶は、瓶の形をした一種の蓄電器で、オランダのライデン市にちなんで名付けられました。日本語話者だけが、雷電とは無関係と知って意外に感じます。

## 教会を守ったフランクリンの発明品

この経験を基に、フランクリンは落雷被害を防ぐ「避雷針」という装置を考案しました。金属棒を屋根に取り付け、導線で地面と結んだ、単純な仕組みです。もしも雷が発生しても、避雷針に導かれ、建物の被害を防ぎます。

この発明は大変効果がありました。それまで雷という自然災害を防ぐ手段はなく、雷とそれによる火災で、頻繁に人命や財産が失われていました。特に欧米には、教会という高い建築が広く普及していて、この落雷被害は深刻でした。

しかし避雷針を取り付けると、落雷被害はぱったりと収まりました。20年〜30年のうちに避雷針は欧米に広まり、人々を落雷被害から解放しました。

避雷針はファッションとしても流行し、避雷針を取り付けた帽子や傘が売りだされました。効果のほどは不明です。

ただし、人類を救うテクノロジーがあらゆる人に歓迎されるわけではありません。ワクチンを恐れるかたがおられるように、避雷針が「雷を呼び寄せる」と言って反対する人もいらっしゃって、自宅に避雷針を取り付けた人と反対する隣人の間で裁判になる例もあったということです。

ともあれ、それまで人類の力のおよばない自然の脅威の象徴だった雷は、科学によって正体を暴かれ、支配されたのです。

一方そのころフランスは革命前夜で、理性を尊び、因襲的な権威を打倒せんという雰囲気に満ちていました。フランス人がフランクリンを歓迎したのも当然でしょう。

## 物理嫌いを量産することになる、恐ろしい定義

話が前後しますが、電気現象を研究したフランクリンのもう一つの成果が、プラス電気とマイナス電気の提唱です。

謎めいた電気なるものの正体については古代から考えられていましたが、フランクリンの時代には、電気の正体は何らかの流体で、物から物へ流れたり移ったりするというところまで真相に近づいていました。

フランクリンは、電気流体には「プラス」と「マイナス」の2種類があると（正しく）考えました。

普通の状態の物質には、この2種が等しく含まれているため、中性で、電気的な性質を示しません。

しかし異なる種類の物質（例えば琥珀《こはく》と猫の毛皮）をこすり合わせると、プラスの電気が片方から片方へ移ります。プラスの電気をもらった方はプラスの電気を帯び、プラスの電気を与えた方はマイナスの電気を帯びます。

これは電気現象をすっきり説明できる正しい説でした。

……と、ここまではいいのですが、その次にフランクリンはとんでもない提案をします。その後の歴史に深刻な影響を残す、取り返しのつかない案です。

フランクリンは、琥珀と猫の毛皮をこする時、琥珀から猫へプラス電気が移る、つまり猫がプラスの電気を帯びると定義したのです。

この定義は、猫をこすって遊ぶ人だけに影響をおよぼすものではありません。猫と琥珀の作る静電気のプラスマイナスを定義すると、それに応じて、全世界のあらゆる電気現象のプラスマイナスが定まります。

例えば、絹とガラスの作る静電気のプラスマイナスが知りたければ、ぱちぱち電気火花を飛ばしている絹とガラスを、別に用意した（つまりこすり合わせた）猫と琥珀に近づけてみればいいのです。するとガラスは猫と反発し琥珀と引き合うので、ガラスは猫と同じくプラスの電荷を持つことがわかるわけです。同様に、絹はマイナスと決まります。（なお、当時は毛皮などの試料をこすり合わせる静電気発生装置があったので、実験のたびに猫を呼ぶ必要はなかったようです。）

琥珀と猫のどちらをプラスと定義しても、電磁気学の法則はその定義に基づいて矛盾なく組み立てることができます。そういう意味では、どちらをプラスと定義しても、差し支えありません。差し支えないので、フランクリンの定義は科学的な誤りとはいえません。

しかしフランクリンの想像と違い、琥珀と猫の毛皮をこすって摩擦電気を発生させる時、実際には電子が猫から琥珀へ移っていたのです。フランクリンの定義にしたがって電子の電荷を決めると、電子はマイナスの電荷を持つことになってしまうのです。

もしもフランクリンが、猫から琥珀へプラス電気が移ると定義していたならば、電子の電荷はプラスになり、プラス電気の移動と電子の移動は一致していたでしょう。そして後世の恐るべき混乱は未然に防がれていたでしょう。

このことは当時は知る由もなく、150年後に電子が発見されるまでわかりませんでした。そして見つかった電子は、ああニャンということでしょう、どう見ても電荷がマイナスなのでした。しかしもう手遅れです。150年の間に電磁気学は完成し、フランクリンの定義にしたがった電磁気学の教科書が世界中にはびこっていました。もう訂正は不可能です。

こうして今日の学校では、電流はプラス極からマイナス極へ流れるのに、電子はマイナス極からプラス極へと流れると教えて、学童を惑わし、人類の物理学の習得を阻害しているのです。

私見では、この電気の正負の定義は、科学技術の発展に負の影響をおよぼしている三悪定義の一つです。（残りの二つは、タイピングの効率を下げているQWERTY配列と、英語の恐ろしく無秩序なスペルです。）

## 図3-5 フランクリンの恐るべき定義

フランクリンは琥珀で猫をこすると、琥珀から猫へ
プラスの電気が移ると定義した。

実際には、猫から琥珀へ電子が移る。

## 科学者の新たなおもちゃ「電流」登場

電子が発見されてフランクリンの賭けの恐るべき顚末《てんまつ》が明らかになるまでは、もう少々電磁気学の発展が必要でした。

1800年、化学電池が発明されます。これは金属などの化学反応を利用して電流を作る仕組みで、現在電池とかバッテリーと呼ばれる製品はだいたいこの子孫です。(ただし「太陽電池」は除きます。)

電池によって、数分から数時間にわたって持続する大電流を作りだすことができるようになりました。科学者のお気に入りのおもちゃは、静電気から電流に移りました。もうデンキの実験といえば、飼い猫の毛皮をこすって嫌がられる行為を指すのではありません。

電流が電気の研究の主役を奪ったために降板させられた電気現象、つまり物体にとどまって流れない電気は、「静電気」と呼ばれて電流と区別されるようになりました。これも「固定電話」や「特殊相対論」と同様、レトロニムの一種でしょうか。

電池の発明によって、電流のさまざまな実験が行なえるようになり、電磁気学は飛躍的に発展しました。

電気現象、つまり琥珀で猫の毛を逆立てる遊びと、磁気現象、つまり磁石で砂鉄を集める遊びは、なんだか似たところがあるなあとは、古代ギリシャの時代から思われてきました。が、思われるだけでそれ以上特に進展はなく、数千年が過ぎ去りました。数千年の間、埃を吸い寄せる琥珀と、鉄片を吸い寄せる磁石は、机の上に転がる2個の面白いおもちゃに過ぎず、両者に特に関連は見つかりませんでした。

両者の関連が見つかったのは、そこに電流という新たなおもちゃが加わってからです。

## 電気現象と磁気現象をつなぐミレニアム級の大発見

1820年、導線に電流をかけると、(弱い)磁石になることが報告されました。ついに電気現象と磁気現象に関連が見つかったのです。世紀の大発見というか、ミレニアム級の大発見です。数千年の間指名手配されていた犯人が通りを歩いているところを捕まえたようなものです。

それから電気現象と磁気現象の関係はくまなく調べられ、半世紀で「マクスウェル方程式」と呼ばれる電磁気学の基礎方程式が完成しました。これも人類が電流を手にしたおかげです。

今日の電化社会において、電磁気学がどれほど役立っているか、今さらいうまでもありません。もしも電磁気学が失われたら、現代文明は即死するでしょう。電気現象と磁気現象の関係が、19世紀に見つかったおかげで、今日私たちが生きていられるのです。

電気現象と磁気現象の関係がどれほど重要か、ごく基本的な例を見てみましょう。

電流が作る磁石は、そのままだとごく弱いものです。部屋の中にとぐろを巻いているケーブルのたぐいが磁石になっているとは、普段私たちは気づきません。

けれども導線をくるくる巻いて「コイル」にして、軸に鉄の芯を仕込むと、「電磁石」と呼ばれる強い磁石ができます。電磁石を利用して物体を動かす装置が「モータ」です。

モータが組み込まれた製品は、エアコン、エスカレータ、エレベータ、工作機械に建設機械、自動車、洗濯機、掃除機、ドローン、電車、ハード・ディスク・ドライブ、プリンタ、ポンプ、冷蔵庫など、文字どおり枚挙にいとまがありません。電流の作る磁石は毎日私たちを運んだり、私たちの代わりに力仕事をこなしたり、私たちや食材を温めたり冷やしたりしてくれます。

またモータというものは、逆に力から電流を作るのにも使えます。モータの回転軸に力を加えて無理矢理回してやると、導線に電流が発生するのです。

こういう逆の使い方をするモータを「発電機」といいます。発電機は、燃料を燃やして沸かしたお湯の湯気の力や、風力や水力などで、回転軸を回し、それによって電流を発生させる装置です。

そうして発生した電流が、導線をつたって各地に流れて行き、大小無数のモータを回転させて、現代文明を日夜回しているわけです。再び電流が流れると表現したことをお詫びします。

## 電子の発見と、ミクロな世界の物理法則

さて19世紀も終わりに近い1897年、電子という粒が発見されて、それまで流体とみなされていた電気が、実は微細な粒子からなることがわかりました。

このころ、この世を構成する微細な粒子が次々見つかり、ミクロな世界の存在が明らかになってきたのです。

徐々に姿を現わしたミクロな世界は、人類の物理学に大変革を迫りました。それまで当たり前だと思われていたマクロな世界の常識は、ミクロな世界には全く通用しなかったのです。

例えば、電子の発見からちょっと経った1905年「奇跡の年」には、アインシュタインが光の正体もまた光子という粒であるという説を発表します。光は波でもあり、粒でもあるという、なんだか「もの」についての認識を根本から揺るがすような説です。アインシュタインの不思議な主張に、人々は頭を抱えました。

続いて1911年には、原子の中心にはプラスの電荷を持つ原子核があることもわかりました。ということは、原子は図3-2（136ページ）のような構造をしていることになります。

ここで研究者はみな頭をかきむしりました。実はこのような構造はありえないからです。

電磁気学の教えるところでは、もしも電子がこのようにくるくる原子核を周回するならば、電磁波を放射します。ということは、電子は電磁波を放ってたちまちエネルギーを失い、中心の原子核に落下するはずです。

そうなると原子は壊れてしまい、原子が壊れれば原子からできているあらゆる物質も壊れ、つまりこの紙もディスプレイもそれを見ている読者自身の体も建物も地球も何もかもまたたくまに崩壊し、潰れた原子からなる埃のようなものが宇宙に漂うばかりになるでしょう。

しかしそうはならずに原子が存在し、みなさんが紙またはディスプレイを眺めていらっしゃるからには、従来の電磁気学ではあつかえない何らかの新しい物理法則がそこに働いているに違いありません。
電子や原子や原子核といったミクロな物体を支配する、その新しい物理法則の体系を「量子力学」といいます。

量子力学はどんな体系でしょうか。どんな原理に基づくのでしょうか。
これについては主に次の章であつかうのですが、ここでちらっと予告すると、電子や光子や原子核といったミクロな粒子は、波の性質をも持つのです。そう考えると、電子が原子核に落ち込まずにいられることも理解できるのです。
いったいなぜ波だったら落ち込まずに存続できるのかというと、これについては万人が納得できる説明は難しいのですが、波の中には、ギターの弦の振動や縄跳びのひもの振動のように、場所を変えずにその場で振動し続けるものもあるのです。

さて電子や原子や原子核といったミクロな粒子が波の性質をも持つことがわかると、それをあつかうための数学ルールが調べられ、明らかにされました。1925年から1926年にかけてのことです。
明らかになったルール、「量子力学」は、それまでの物理学とかけ離れていたため、人々は戸惑い、実をいうといまだに戸惑っているのですが、それはミクロな世界を調べるための極めて強力な道具でした。量子力学の方法を使うとミクロな物体の振る舞いや性質がばっちりわかるのです。

量子力学は、どうしてこんな非常識で不思議なルールを使わなければいけないのか、今ひとつ納得できないのですが、それを使うと便利で役立つ製品や驚くほど当たる予想が生みだされるので、正しいことは疑えません。

例えば「陽電子」は、量子力学の予言どおり見つかった、粒子というか「反粒子」です。

## 超天才ディラックの予言

量子力学を建設した人たちは、誰も彼も天才なのですが、中でもポール・エイドリアン・モーリス・ディラック（1902-1984）の発想は図抜けています。

ディラックは「相対論的量子力学」を考えだし、陽電子の存在を予言し、電磁場や音波などに量子力学を適用するための「第二量子化」という手法を開発し、正統的な数学ではあつかえない「デルタ関数」を物理学者の間に流行らせて数学者に頭を抱えさせました。

新しい記号や表記を考えるのもうまく、量子力学の計算を簡潔に表わせる「ブラ・ケット記法」や、プランク定数hに横棒を付け足した「ħ」という記号を発明しました。ħはプランク定数を2πで割ったもので、「ディラック定数」という名ですが単に「エッチバー」と呼ばれることが多いです。

なお、ディラック定数と名前だけはよく似ている「ディラック数」は、宇宙の大きさを原子核の大きさで割った値で、$10^{42}$というとんでもない値です。この数はまた、陽子と電子の間に働く電気力と重力の比にも一致していて、ディラックの主張によれば、両者は関連があるために一致するということです。ただしこの天才的に過ぎる主張はいまだ証明されていません。

いまだ検証（あるいは反証）されていないディラックの予言は他にもあります。磁石というものはＮ極とＳ極を持ちますが、ディラックによれば、「磁気単極子」あるいは「磁気モノポール」と呼ばれる、Ｎ極だけ、あるいはＳ極だけの存在があるかもしれないというのです。

ディラックの予言以来、磁気単極子を発見する試みが続けられています。ある者は宇宙から飛来する粒子の中に磁気単極子が1個か2個くらい紛れていないかどうか探し、またある者は巨大な粒子加速器の中で磁気単極子を合成する実験を行なっています。宇宙空間に存在する磁場を観測して、そこにあるかもしれない磁気単極子の量を見積もる研究もあります。

しかし残念ながら、これまでのところ磁気単極子は1個も確認されていません。しかし存在しないとも証明されていないので、ディラックの予言した粒子を探す試みは当面続けられるでしょう。

## 斬新なディラック方程式で導かれた「陽電子」

さて量子力学の誕生に話を戻すと、1928年、ディラックは量子力学と特殊相対論の統合に成功します。「波動方程式」という量子力学の重要な方程式を、特殊相対論を満たすように書き直し、「ディラック方程式」を導いたのです。ディラックの名を冠する物理学用語がまた一つ増えました。

ディラック方程式は美しくも斬新な方程式でした。

方程式に美しいとか美しくないといった評価がありうるのだろうか、と思うかたもおられるかもしれませんが、方程式や数式に美しさを見いだす人はある割合で発生するのです。

そしてそういう人たちが、物理学の数式の中で最も美しいものはどれか、というたぐいの議論をおっぱじめることがあって、そうすると誰もが自分のお気に入りの式を推して譲らないので決して結論は出ないのですが、そういう議論で必ず候補として挙がるのがディラック方程式です。（その他、ニュートンの運動方程式、ボルツマンのエントロピー表式、マクスウェル方程式、アインシュタインの$E = mc^2$あたりは常連でしょう。）

ディラック方程式は美しいうえに、いくつもの新しい概念を物理学にもたらしました。例えば陽電子です。

ディラックが、電子の波動方程式を相対論にも整合するように書きなおしてみると、そこには通常の電子に加えて、奇妙な「電子」が含まれていました。その新しい「電子」は、電荷が$-e$ではなく$+e$なのです。プラスの電荷を持つ「電子」とは、いったい何者でしょう。そんなもの誰も見たことも聞いたこともありません。

ディラックは最初、その$+e$の電荷を持つ粒子を陽子だと解釈しました。奇想の人ディラックもさすがに、自分の導いた方程式を根拠に、誰も見たことのないプラスの電荷の電子が存在するのだとは主張できなかったようです。

しかしディラックの方程式の示すところでは、その未知の粒子は電子と同じ質量を持つはずです。陽子の質量は電子の1800倍もあるので、これは陽子ではありえません。これは人類にとって未知の何かです。

そして1932年、その粒子が本当に存在することが明らかになりました。宇宙からやってくる粒子の中に、電子と同じ質量を持つのに電荷はプラスという新粒子が見つかったのです。そのプラスの電荷を持つ電子は「陽電子 positron」と名付けられました。

この大発見に世界中が驚きました。

ディラック方程式の予言どおり、新しい粒子が見つかりました。ということは、相対論と数学的に整合するように作られたディラック方程式は、美しいばかりでなく、正しいのです。

量子力学は使い方によっては未知の粒子を予言することもできるのです。何という強力な道具でしょう。

そして見つかった陽電子は、電子と電荷が反対で、それ以外の性質は電子と同じです。このような存在を、粒子（電子）の反対の電荷を持つペアという意味で「反粒子」と呼びます。陽電子は世界で初めて存在が証明された反粒子です。どの種類の粒子も、対となる種類の反粒子が存在します。陽子に対してマイナスの電荷を持つ「反陽子」、中性子に対して「反中性子」、などなどです。

つまり陽電子は、反粒子の豊かな世界の存在を示す証

**図3-6 対消滅**

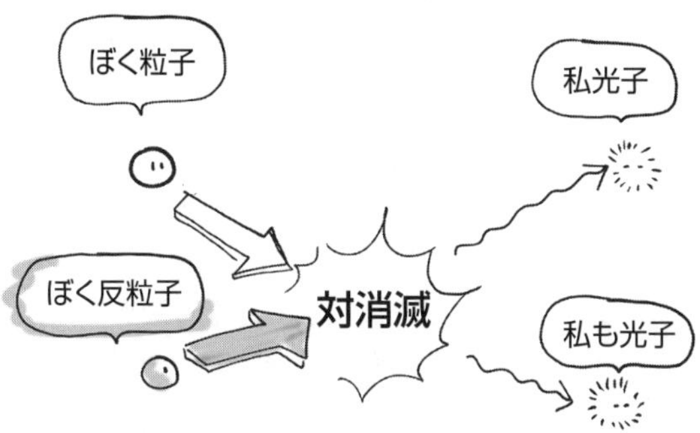


粒子と反粒子が出会うと消滅し、光子が生じる。

拠なのです。

## 粒子と反粒子は出会うと爆発して消滅する

反粒子というものは私たちの身近にはほとんどないのですが、なくて幸いです。

なぜなら粒子と反粒子は、出会うと消滅してしまうからです。この現象を「対消滅《ついしようめつ》」といいます。

対消滅の際は、光子が2個飛び出します。この光子は消滅したペアの質量を全部エネルギーに変えて受け取るので、極めてエネルギーが高く、「ガンマ線」に分類されます。

質量がエネルギーに変わるとなると、光速の章で紹介した質量とエネルギーの関係式 $E = mc^2$ が再び登場です。ここで m はペアの質量、c は光速、E は光子の持つエネルギーです。

これがどれほどのエネルギーかというと、もし電子と陽電子の対消滅がその辺で起きて、飛び出した光子が空気分子によって吸収されると、不運な分子は数億℃の高温まで熱せられ、壊れて電子と原子核がバラバラに飛び散ります。$E = mc^2$ の関係はめちゃめちゃ強力です。

こんな具合なので、対消滅を「粒子と反粒子が出会うと爆発する」と表現することもあります。

陽電子や反陽子などの反粒子からなる物質を「反物質」といいます。ごく少量の反物質でも、物質と出会うと大爆発が起きます。1グラムもあれば、200兆J《ジュール》という、町が一つ吹き飛ぶくらいの熱エネルギーが発生します。はなはだ物騒です。

## 反物質でできた天体は宇宙のどこかにある?

反粒子の一種である反陽子はマイナスの電荷を持っています。これはプラスの陽電子を引き付けるので、反陽子と陽電子がくっついて「反原子」を作ることができます。普通の陽子と普通の電子がくっついた原子が水素原子なので、反陽子と陽電子からなる原子は「反水素原子」と呼べるでしょう。(しかし「反党分子」や「反乱分子」は反原子でできているわけではありません。)

反水素原子は、私たちにお馴染みの水素原子と性質がそっくりです。2個そろえば反水素分子を作ります。反水素ガスは反空気よりも軽く、反酸素と化合して景気よく燃え、反水となります。反水素と水素は見かけや振る舞いでは区別できません。

(ちょっと細かい話になりますが、光子には対となる

「反光子」が存在しません。光子と反光子は同じもの、ともいえます。反光子がないので、反粒子や反原子も光子と反応し、光子を放出します。そのため、反粒子の振る舞いを光で観察しても、それが粒子なのかそれとも反粒子なのか判別するのは困難です。)

そうなると思いつくのは、反水素原子や反酸素原子や反炭素原子からなる反物質天体が宇宙のどこかに浮いているのでは、というアイデアです。夜空に輝く恒星の中にはそういう反恒星が一つや二つ紛れていないでしょうか。その反恒星の周りには反惑星があって、反生命が住んでいたりしないでしょうか。実はアンドロメダ銀河は反物質からなる反銀河だったりしないでしょうか。

と、想像するのは楽しいのですが、残念ながら、反天体や反銀河はこの近辺の宇宙空間には存在しないと考えられています。

反天体は周囲の通常物質と対消滅してガンマ線を放射するので、そのガンマ線を検出すれば反天体を見つけることができるはずです。しかし、宇宙から飛来するガンマ線は長年観測されていますが、どうも反天体の気配は感じられません。となると、観測できる範囲、つまり数百億光年内には、反物質はごく少量しかないようです。

もしも宇宙に反恒星が存在していたら、恒星と衝突して、宇宙的大爆発が見られたかもしれません。おそらく超新星爆発以上に大規模な宇宙花火となって、夜空をいろどったはずです。見られないのはちょっと寂しいです。

また、電子と陽電子から話がそれますが、もしも反物質を大量に集めてぎゅうぎゅうに圧縮し、ブラック・ホールを作ったとすると、これは物質から作られたブラック・ホールと同じものになります。ブラック・ホールは元の材料の記憶を持たないのです。

したがって、反ブラック・ホールは存在しません。ブラック・ホールと反ブラック・ホールを衝突させて対消滅させる、ということもできないのです。

それにしても、いったいなぜ反物質は物質に比べて少ないのでしょうか。この問題は、後の節で再び考えることにしましょう。

### 光子2個の衝突で粒子と反粒子が出現する

粒子と反粒子のペアは消滅する一方ではありません。逆に、エネルギーの高い光子を2個衝突させると、粒子と反粒子のペアが生まれます。これを「対生成《ついせいせい》」といいます。

それまで何もなかったところに粒子と反粒子が忽然《こつぜん》と出現するのは、なんだか物理法則に反してないのか不安な気がしますが、大丈夫、合法（則）です。

粒子と反粒子のペアには無数の種類があります。電子と陽電子、陽子と反陽子、水素原子と反水素原子……いくらでも挙げることができます。そのうち一番簡単に生成するのは電子と陽電子のペアです。高いエネルギーのガンマ線が何かにぶつかると、ある確率でこのペアができます。なので、原子核反応の実験や、粒子加速器の実験など、ガンマ線が飛び交うところでは、陽電子の存在

図3-7 対生成

光子が対生成を起こすと、粒子と反粒子が生じる。

は珍しくありません。

（ところでクリストファー・ノーラン監督のSF映画『テネット』には、「逆行」なる架空の物理現象が登場します。逆行装置の作用で逆行状態になった主人公は、後ろ向きに歩きながら時間をさかのぼります。この逆行主人公と、「順行」状態の主人公は、反粒子と粒子のような関係にあって、二人で逆行装置に入って忽然と消滅したり、また装置から突然現われたりします。おそらくノーラン監督は、対消滅や対生成をヒントに、逆行を創作したのでしょう。）

## 知らないようですぐそばにある反粒子

反粒子はちょっぴりですが身近にも存在します。「反ミュー粒子」と呼ばれる種類のものです。

ミュー粒子は電子に似た性質を持つ素粒子で、−eの電荷を持ちます。反ミュー粒子は+eです。(素粒子についてはのちほど説明します。)

宇宙からは「宇宙線」と呼ばれる粒子や反粒子やガンマ線がやってくるのですが、それらが大気の上層で対生成反応を起こすと、ある割合でミュー粒子と反ミュー粒子が生じます。それが結構透過力が強く、大気を貫いて地上まで降ってくるのです。この反ミュー粒子が、身近で最も多い反粒子で、だいたい地表の面積1 $cm^2$あたり1秒に1個くらい降ってきます。

あらゆる地上の生き物は、ミュー粒子と反ミュー粒子のシャワーを浴びながら暮らしています。ヒトの場合、立っていると1秒あたり数百個、寝ている時には1秒あたり数千個のミュー粒子と反ミュー粒子が体を貫いて行くのです。

それにしても、ディラックが理論の整合性から予言した陽電子は本当に見つかり、さらにほとんどの粒子が対となる反粒子を持つことが明らかとなりました。

粒子と反粒子は出会って消滅することもあれば、逆にエネルギーを持つ光子から発生することもあります。

光速の章で、質量とエネルギーの関係を示す式$E = mc^2$が登場しました。物体にエネルギーを与えると、物体の質量が増えるというのが、この式の使用法でした。

対消滅と対生成においては、この式がますます大活躍です。物質と反物質の質量は光子のエネルギーに変わり、光子のエネルギーから質量が生じます。

こうなるともう質量とエネルギーの区別は曖昧になり

ます。どんな確固たる物質も、次の瞬間にはエネルギーに変わって跡形もなくなり、エネルギーは形を持った物質に化けます。

質量とエネルギーは、見かけが違うだけで同じものと思ってよさそうです。

電気という謎めいた流体が電子という粒の移動だと判明してから30年ほどで、人類の物質についての認識は変わってしまったのです。

## どうして陽電子は少ない?

対生成の際には、粒子と反粒子は必ずペアで生成されます。粒子だけ、あるいは反粒子だけ作ることはできません。

対生成を起こすのに、ガンマ線を衝突させても、粒子どうしを衝突させても、粒子と反粒子のどんな組み合わせを衝突させても、必ず粒子と反粒子が新たに同量できます。

ということは、人類が実験室で行なうどんな実験も、また宇宙で起きる天然の対生成反応も、反物質と物質を同量作るということです。

さてそうすると、この宇宙に反物質が少ないことがますます不思議です。

私たちの体や地球や太陽や天の川銀河やアンドロメダ銀河を構成する物質は、過去のある時点で、宇宙の何らかの反応によって生成されました。その生成反応は、同時に同量の反物質を生みだしたのではないのでしょうか。

その反物質は今どこにあるのでしょうか。

最初に降参しちゃいますが、実はこの問題は未解決で、現代物理学の解かなければならない課題として残されています。

私たちの身近に、物質が多く反物質が少ない理由は、よくわかっていないのです。

### 仮説1・反物質を物質に変える、未知の反応がある

多くの支持者のいる説は、反物質がちょっぴり物質に変わったというものです。

重力の章で紹介したように、この宇宙は138億年ほど前に大爆発とともに誕生しました。

初め、宇宙は針の頭よりも小さく、全宇宙の物質はそこに押し込められていて、極度に高温・高密度の状態でした。そこから光速を超えて宇宙空間が広がって、物質は薄まり、温度も下がり、138億年かけて現在のような空っぽで酷寒の宇宙ができあがった、というのが通説「ビッグ・バン理論」です。（宇宙創世を2文で済ませましたが悪しからず。）

宇宙初期の超高温・超高密度の状態では、私たちの知る物質は何一つ無事ではいられません。ことごとく壊れて融けて蒸発します。原子も原子核もばらばらになり、陽子や中性子も割れて中身をぶちまけ、私たちの貧弱な粒子加速器の中にしっぽも見えたことのない超高エネルギーの未知の粒子の群れが、狭い宇宙を満たし、ぶつかり、生成消滅を繰り返していました。

この際に、何らかの未知の反応によって、反物質がちょっぴり物質に変わり、物質がほんのわずかに多くなった、という説があるのです。その差は当時はわずかでしたが、やがてほとんどの粒子と反粒子は対消滅し、また不安定な粒子は崩壊して安定な粒子に変わると、空っぽに近い宇宙にちょっぴりの物質が残された、というのが提案されているシナリオです。

ただし今のところ、肝心の、反物質が物質に変わる反応が確認されていません。「対称性」を破る反応と呼ばれる、ちょっと近い反応は実験室で見つかっているのですが、それが初期宇宙でがんがん働いて反物質を正物質に変えるのには、力不足と思われます。

この説を証明するには、実験室で、あるいは天体観測で、反物質を物質に変える効率のよい反応を見つける必要があるでしょう。例えば、反陽子が電子に変わるというような反応です。

### 仮説2・たまたま宇宙のこのあたりに物質が多い

別の説で人気があるものは、この宇宙には物質と反物質が等量あるが、たまたま物質の多い地域に私たちが住んでいる、というものです。

これまでの観測で反物質天体は見つかっていないので、物質が優勢の地域は相当広範囲におよぶと思われます。単なる推測ですが、このあたり1000億光年や1兆光年くらいの範囲は物質ばかりなのではないでしょうか。

ちょっと待って、と思われるかたがいるかもしれません。先ほどのビッグ・バン理論を受け入れたとしても、宇宙の年齢は138億年です。いったい宇宙が1兆光年もの大きさにたった138億年間で成長できるものでしょうか。また、たまたま物質が多い地域がそんなに広い範囲を占めることができるでしょうか。

「インフレーション理論」という理論は都合よく両方やってのけます。

この理論は、ビッグ・バンの最初期に、宇宙が急激に膨張したと主張します。ビッグ・バンそのものも急激な膨張なのですが、インフレーションはそれより何桁も急激です。

宇宙の観測可能な範囲は半径500億光年ほどですが、その彼方には、原理的に観測できない宇宙空間が広がっています。インフレーション理論が正しければ、彼方に広がる実際の宇宙の大きさは、観測可能な範囲の10の何十乗倍もあります。

そしてその急激なインフレーション膨張の際には、物質がたまたま反物質よりちょっぴり多かった地域も膨張するので、私たちがそういうところに住んでいることはなんら不思議ではない、というわけです。

インフレーション理論は、観測結果と合う点がいくつかあるので、正しそうだと考えられています。しかしインフレーション理論の予言の中には、宇宙のインフレーション膨張が永遠にどこかで続く、などというものもあって、理論を全面的に信じることがためらわれます。理論への信仰が試されているかのようです。

インフレーション理論に限らず、宇宙論の中には、観測や実験で実証したり反証したりすることが非常に難しいものがあります。そうなると、どの教義を受け入れるかは科学というより信念の問題となります。そこで宇宙論の議論は神学の議論めいてくるというわけです。

## 素粒子の一族、華麗なるメンバー17名

電子にはもう一つ、述べておかなければならない重要な出自の問題があります。

電子は「素粒子」の一族に属するということです。

素粒子とは（これまで説明なしに使ってきましたが)、世の中のあらゆる「物」を作っている基本の粒子で、部品に分解できず、点状で大きさがありません。

例えば原子という粒は、電子と原子核という部品に分解できるので、素粒子ではありません。原子核は陽子と中性子に分解できて、陽子と中性子は「クォーク」という粒に分解できます。クォークはそれ以上分解できない素粒子と考えられています。つまり、そこらの物体や私たちの体は、どこまでも分けていくと、電子と（2種の）クォークという素粒子からできているのです。

素粒子に大きさがないとはどういうことでしょう。

例えば人体には大きさがあって身長が測れます。身長というのは、頭のてっぺんから踵《かかと》までの距離で、つまりこれは頭という部品と踵という部品の距離です。

また例えば山やビルの高さは、地面から山頂または屋上までの距離です。このように、私たちが物の大きさを測る際には、その物の部品と部品の距離を測っています。

ところが素粒子は部品に分解できません。内部構造を持たないのです。そのため、素粒子の大きさを測ることはできないのです。大きさがないことを点状というので、素粒子は点状です。

原子核やクォークの間には、「グルーオン」という素粒子が飛び交っています。「グルー」とは糊の意で、グルーオンが飛び交うことによってクォークどうしはくっつき、原子核の形が保たれています。

このように、ある種の素粒子は、飛び交うことによって力を伝えることがあります。

実は、光子も素粒子なのですが、電気力や磁力は光子が飛び交うことによって伝わります。電子や陽子が電気力や磁力をおよぼしあっている様子は、光子が両者の間を飛んでいるとみなせるのです。

またＷ粒子とＺ粒子という、おそらく多くの人にとって耳慣れない素粒子は、「弱い力」という耳慣れない力を伝えます。(物理学用語の中にはたまに、どうしてそんな命名をしたのか理解できないものが紛れています。)

力を伝える素粒子はこの４種です。

気づく人はいませんが、今この瞬間も、「ニュートリノ」という素粒子が大量に体を通過しています。太陽由

## 図3-8 素粒子とその電荷

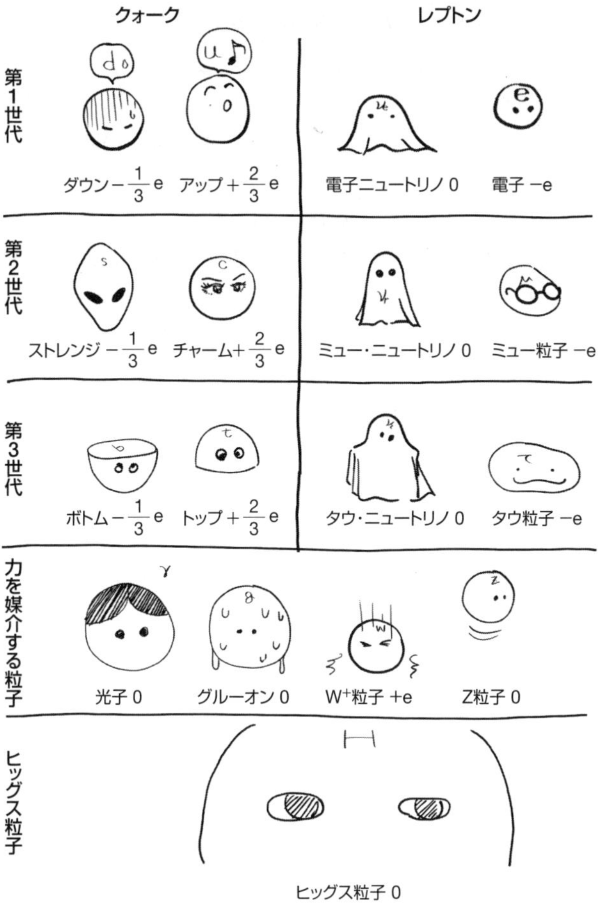

来のニュートリノだけでも、1 $cm^2$あたり1秒あたり660億個です。

しかしニュートリノは電気的に中性で、質量も軽く、この「弱い力」という力でしか他の粒子と反応しません。そのため660億個のニュートリノは、何の反応も起こすことなく体を通過して、地面をも通り抜け、宇宙の彼方に光速に近い速度で去ってしまいます。

こうした素粒子の一族は、全部で17のメンバーが知られています。電子はこのうち最初に見つかりました。

これらの素粒子のうち、安定なものは半分もありません。残りは、生成後1ミリ秒も保たずに崩壊したり、粒子加速器の中からでてきたことがなかったり、なんだか世の中を構成する基本粒子の仲間に入れていいのか不安になるものもあります。

## 電子の3姉妹

電子の姉妹は、電子と先ほど登場したミュー粒子、ミュー粒子よりもさらに重い「タウ粒子」の3種です。この3姉妹はそれぞれ「電子ニュートリノ」「ミュー・ニュートリノ」「タウ・ニュートリノ」と組を作っています。これらの6種の素粒子は「レプトン」と呼ばれますが、別に覚えなくてもかまいません。

「アップ・クォーク」と「ダウン・クォーク」は、陽子と中性子の部品です。そのため、物質のあるところにはこの2種のクォークがうじゃうじゃいます。

クォークの兄弟は、アップとダウンの他にも4種います。クォークは原子核の部品となる「バリオン」を作るのですが、アップとダウンが作る陽子と中性子だけが安定で、他の兄弟が作るバリオンはどいつもこいつも不安定です。

素粒子はこの17人で全員かというと、まず間違いなくもっといるだろうと考えられています。

例えば、図3-8の力を媒介する素粒子の中には、重力に対応する素粒子がいません。重力を伝える「重力子」はおそらく存在すると予想されていますが、まだ確認されたことがありません。そもそも、重力波の存在が2015年に確かめられたばかりです。その粒子版である「重力子」を確認できるのは、もっと先になるでしょう。

また重力の章で説明したように、宇宙には「ダーク・マター」という正体不明のガスが大量にあることが知られています。どれほど大量かというと、通常物質の5倍ほどです。

ダーク・マターの正体については、その存在が報告されて以来あらゆる想像がめぐらされていますが、いまだにわかっていません。これまで提案されたアイデアのうち、既知の物質からなるものはことごとくうまく行かなかったので、消去法ですが、未知の素粒子という説が有力です。

どこかの粒子検出器にダーク・マター粒子が飛び込んで、ダーク・マターの正体が判明したら、この図に新しいメンバーが追加されると予想されます。

## クォークの電荷の値がハンパな理由

電子の電荷は（これまで何回も書きましたが）−eです。電子の姉妹のミュー粒子とタウ粒子も−eです。一方、陽子の電荷は+eなので、素粒子の電荷や、素粒子が組み合わさってできている世の物質の電荷は、+eか−eの整数倍で表わせそうな気がしてきます。電子の発見から20世紀前半くらいまでは、これを疑う人はほぼいませんでした。

ところが素粒子の図をもう一度見てみると、クォークという連中の電荷にはなんだか変なことが起きています。

アップ・クォークの電荷は$+\frac{2}{3}\mathrm{e}$、ダウン・クォークは$-\frac{1}{3}\mathrm{e}$という半端な値です。いったい何が起きているのでしょう。

陽子は2個のアップ・クォークと1個のダウン・クォークの、計3個のクォークからなります。電荷の和を計算してみると、

$$+\frac{2}{3}\mathrm{e}+\frac{2}{3}\mathrm{e}-\frac{1}{3}\mathrm{e}=+\mathrm{e}$$

となって、確かに陽子の電荷がでてきます。

また中性子は1個のアップ・クォークと2個のダウン・クォークからなります。電荷を計算してみると、

$$+\frac{2}{3}\mathrm{e}-\frac{1}{3}\mathrm{e}-\frac{1}{3}\mathrm{e}=0$$

となって、中性子が電荷を持たないことが説明できます。

クォークの電荷は一見するとつじつまが合わない気がしますが、これで陽子の電荷も中性子の電荷もちゃんと説明できるのです。

ここで次の疑問が湧いてでます。クォークが組み合わさってできた他の粒子が、半端な電荷を持つことはないのでしょうか。

ここが自然のうまくできているところで、クォークは粒子を作る時、必ず3個組になります。クォーク3個からなる粒子はバリオンといいますが、陽子や中性子や他のバリオンから、1個のクォークだけ取りだすことはできません。

そのため、クォークの作る粒子の電荷はeの整数倍になります。半端な電荷を持つ粒子は作られないのです。

こうしてみると、陽子の電荷と電子の電荷は成り立ちが全然違います。陽子の電荷はクォーク3個の電荷の和で、クォークの電荷はどれをとっても電子の電荷と一致しません。

それなのに、陽子の電荷と電子の電荷は絶対値が完全に一致し、そのため陽子と電子を同数含む原子は電気的に中性になります。もしも原子の電荷がゼロでなかったら、分子の構造は全く違うものになり、天体の構造は重力でなく電気力で決まることになったでしょう。

成り立ちが異なるのに陽子の電荷が+eで電子が−eとなっている理由は、よくわかっていません。どういうわけか、宇宙はこのようになっているのです。

## 真空は人類がまだ知らない素粒子まで知っている

先に説明したように、エネルギーの高い光子を衝突させると、電子と陽電子が対生成します。エネルギーをもっと高くすると、ミュー粒子やタウ粒子やクォークといった、他の粒子の対も発生します。

対生成反応を起こすのは光子だけではありません。他の粒子も充分に高いエネルギーで衝突させると、さまざまな粒子と反粒子の対を作りだすことができます。

つまり、何らかの方法で空間の一点にエネルギーを叩きこむと、そこから粒子と反粒子の対が生成するといえます。真空から対が生成するといってもいいです。

ここで注目したいのは、誰がいつどこで電子と陽電子の対を生成しても、毎回そっくり同じ電子が生まれるということです。電荷は同じ$-e$、質量は同じ$9.1 \times 10^{-31}$ kgです。陽電子も同様です。そのため、こっちで生じた電子とあっちで生じた陽電子が出会えば、綺麗に対消滅します。

これは当たり前の話に聞こえますか？　特に不思議ではないですか？

では少し切り口を変えましょう。

ある種の宇宙論によると、ビッグ・バンで生じたこの宇宙とは別に、無数の宇宙が生じているといいます。それらの宇宙どうし、あるいはこの宇宙とは、行き来も通信もできず、そもそも存在を確かめることもできません。(実験や観察で確かめることができない仮説を考えることは果たして科学の営みなのか、という問題はとりあえずおいておきます。)

そしてその宇宙では、物理定数や物理法則などが、この宇宙と違っている可能性があります。素粒子の質量や、電子の電荷などが違う値かもしれないのです。(なんだかこの本のテーマと呼応します。)

例えばそれらの中には、電子の電荷が−1.1eの宇宙があるかもしれません。電子の電荷に消費税がかかったような宇宙です。その宇宙では、真空中で光子がぶつかり対生成が起きると、−1.1eの電子と、+1.1eの陽電子が生じます。

ではそっちの宇宙の真空をビンに詰めて、こっちの宇宙に持ってくることに成功したと思ってください。不可能なことでも想像は自由です。

その空っぽのビンに光子を照射して対生成反応を起こすと、−1.1eの電子と+1.1eの陽電子という、この宇宙には存在しないペアを得ることができます。

ビンの中は真空で、文字どおり種も仕掛けもないのに、この宇宙にはありえないはずの素粒子を生みだす装置として働くのです。

いったいそっちの宇宙の真空と、こっちの宇宙の真空は何が違うのでしょうか。

このように考えると、この宇宙のどこで対生成を起こしても、そっくりな電子と陽電子がいつでも生じることが、なんだか不思議に思えてきませんか?

この宇宙の真空は、「−eの電子と+eの陽電子がない」真空なのです。「−1.1eの電子と+1.1eの陽電子がない」真空ではないのです。この宇宙では、ビンの中の物質を取り出したり、または宇宙空間の真空をビン詰めするなどして、真空を作ると、そこには電子も陽電子も入っていないはずなのに、その真空は電子の電荷や質量や性質を覚えていて、対生成が起きれば−eの電荷の電子を作って見せるのです。

さらにいえば、そのビンの中の真空は、−eの電子がないばかりでなく、−eのミュー粒子もない、$+\frac{2}{3}$eのアップ・クォークも$-\frac{1}{3}$eのストレンジ・クォークもない、17種類の素粒子は全部ない、ついでに人類の見たことのないいくつかの素粒子がない真空です。

ビンの中の真空は、人類の見たことのない素粒子の情報も全部知っていて、条件を整えて上手に聞き出せば、その素粒子とその反粒子を一緒に吐き出してみせるはずです。

## もしもeが大きかったら、火星が住みやすそう

もしも電子の電荷の大きさeが違う値だったら、この世はいったいどんなことになるでしょう。

電磁気の力は、私たちの身の回りのあらゆる現象、生命活動や自然のことわりや宇宙物理といった森羅万象に関わっています。そのため、eがもしも違う値をとるならば、あらゆる事象が違ってきます。

もちろん本書のテーマであるcやGやhといった基礎物理定数はどれも、値が変われば色々な影響がでてくるのですが、この宇宙は特にeの値に敏感です。

ここまでの章では、cとGの値をいささか乱暴に

1000万分の1あるいは100万倍ほど変更してみて、宇宙がどんな姿になるか見てきたのですが、ここではeの値の変化はほんの2倍にとどめることにしましょう。

明日からeの値が2倍になり、電子の電荷は$-3.2\times10^{-19}$ C、陽子の電荷は$+3.2\times10^{-19}$になるとします。すると宇宙はどうなっちゃうのでしょうか。

陽子と電子の電荷が2倍になると、両者の引き合う電気力は2×2＝4倍となり、原子の大きさが4分の1に縮みます。物体を作っている結晶も4分の1に縮むので、物体の大きさは4分の1に、人体は50 cm弱になるでしょう。

しかし体重は16倍に増えます。地球の半径が4分の1になると、地表の重力は16倍になるためです。地球の表面積は16分の1に狭くなり、これは大気圧を高くすることになります。重力との相乗効果で大気圧はなんと256気圧になります。息ができません。

このように、eが変わると地球環境は激変します。生物は現状に適応しているので、変化した環境は当然住みにくいものとなります。しかし他の天体の中には、変化した結果かえって快適になるものもあるでしょう。大気が薄くて重力の弱い火星に移住するのが適当かもしれません。

### 電気自動車が猛烈な速さで走りだす

地球環境の変化よりも深刻なのは、化学や物性の変化です。原子や分子どうしの反応や結びつきには、必ず電子が働いているので、eが2倍になると物質の性質は劇的に変わります。

まず、電子を原子からもぎ離すのに必要なエネルギーや、くっつける際に放出されるエネルギーなどは、16倍に増えます。電子の軌道半径が4分の1となり、（2倍の電荷を持つ）電子と原子核が接近するためです。そうなるともうあらゆる化学反応の様子が変わってきます。

あらゆる化学反応について説明するのは無理なので、例をいくつか挙げましょう。

乾電池というものは、金属から電子が取れる反応を利用しているので、この電圧は16倍になります。単1や単4といった乾電池の電圧は1.5 V《ボルト》に定められていますが、eが2倍になった暁には、これが24 Vにパワーアップしているでしょう。電気自動車やルンバが猛烈な速さで走りだします。

植物の持つ葉緑素は光合成を行なっています。つまり、光を吸収して、二酸化炭素分子などから糖の分子と酸素分子を作ります。この反応に必要なエネルギーが16倍になると、波長が16分の1の光が必要です。

葉緑素が光合成の際に吸収するのは可視光線、特に赤の光と青の光です。（残った緑の光は外界にお返しするので、植物は緑色に見えます。）可視光線の16分の1の波長を持つ光は紫外線です。eが2倍になると、植物の光合成には紫外線が必要になります。地球の大気は（現状でも）紫外線を通さないので、地表の光合成はストップします。どうも2倍のeは地球にやさしくないです。

紫外線を吸収するようになった植物はどんな色に見えるでしょう。ヒトの目は普通は紫外線が見えません。しかしeが2倍になると、ヒトの目の中にあって光を感じるタンパク質も、感じる波長が16分の1になります。すると可視光線に代わって紫外線が見えるようになるでしょう。紫外線を吸収する植物の見た目は案外変わらないかもしれません。

## 氷水でやけどをする世界に

電気自動車が猛烈な速さで走ると述べましたが、ガソリン車にはどんな変化が起きるでしょうか。

ガソリンは炭化水素からなりますが、炭化水素の分子が燃焼、つまり酸素と結合する際に放出するエネルギーも16倍になります。するとガソリン車も16倍のパワーで走りだすかもしれません。

しかし、ガソリンという物質は通常は液体ですが、eが2倍になってもガソリンが液体のままかどうかは、簡単な問題ではありません。

固体（の多く）や液体は、分子がくっつき合って密集した状態です。分子どうしがくっつき合う力を「分子間力」などといいますが、これは分子の間の距離が近いと急激に強くなる傾向があります。そしてeが2倍になると、液体や固体は縮み、分子どうしが近くなります。つまり分子間力は強まるはずです。

分子間力のエネルギーがどれほど強まるかは、物質の種類にもよりますが、ここでは「電気双極子」というものの間に働く力を参考に、8倍と仮定しましょう。

分子間力が強まると、くっつき合って固体を作っている分子がバラバラに動き出して液体になる温度「融点」や、液体の分子がもっとバラバラに散らばって気体になる温度「沸点」が高くなります。

すると大雑把な計算ですが、氷の融点は0℃（273 K）ではなく、約1900℃（約2200 K）に上昇します。氷水でやけどする恐れがあるので注意しましょう。

水の沸点は100℃（373 K）ではなく、約2600℃（約3000 K）になります。お湯が沸騰する前にやかんが融けるのでは、と心配になるかもしれませんが、金属や陶器の融点も上昇するので、そう簡単には融けないでしょう。eが2倍のキッチンは製鉄所のような熱気に包まれます。

ガソリンの主成分は「オクタン」という物質です。通常のオクタンの融点は−57℃（216 K）で、このためガソリンは常温では液体で、燃料として使えます。けれどもeが2倍ならオクタンが融けるのは約1500℃（約1700 K）です。高温でないと、ガソリンが凍りついてしまいます。そうした問題をeが2倍の自動車技術で解決できれば、ガソリン車は16倍のパワーで走りだすでしょう。

## 宇宙核爆発は避けられない

以上は主に化学の話で、つまり電子の活躍する現象についてでした。

一方、原子の中心に鎮座する原子核は、化学反応ではあまり目立ちませんが、これが引き起こす核反応は宇宙に存在する元素の量を左右します。そしてeが2倍になる影響はここにも現われます。

最も単純な原子である水素原子は、1個の陽子からなる原子核と、それを周回する1個の電子でできています。水素原子核はビッグ・バン後の宇宙で最初にできた原子核であり、宇宙の物質の約70%を占める圧倒的多数派です。宇宙は水素でできているといってもさほど間違っていません。

陽子の電荷が2倍になると、宇宙の多数派水素にどんな影響がおよぶでしょうか。実はとんでもないことになります。

陽子の電荷が2倍になると、陽子の「静電エネルギー」というものが4倍になります。

静電エネルギーとは電荷を帯びた物体が持つエネルギーで、静電気を帯びた猫の毛皮だとか、電荷をためたライデン瓶だとか、真っ黒な雷雲などは、このエネルギーでもって空気をぱちっと鳴らしたり、がらがらぴっしゃんと雷を落としたりします。

陽子の電荷は（静電気ではありませんが）静電エネルギーを持っています。このエネルギーは、またもやでてくる$E = mc^2$の関係により、質量を持つので、4倍の静電エネルギーを持つ陽子はほんのちょっぴり重くなります。どれくらい重くなるか正確に予想するのは難しいですが、おそらく質量が0.1%～0.2%増えるのではないかと思われます。

これが体重の0.1%～0.2%ならば、水を飲んだりトイレに行ったりするだけでそれくらい増減するし、大した違いではないのですが、陽子の場合には大変な違いを生みだします。

私たちのこの宇宙では、原子核を構成する陽子と中性子という粒子のうち、微妙に軽い方が陽子でした。

しかし明日からｅが2倍になり、もしも陽子の質量が0.14%以上重くなると、中性子の質量を上回ってしまいます。

中性子という粒は、単独では不安定で、放っておくと十数分で壊れ、陽子と電子と反電子ニュートリノに変わってしまいます。

（ここで「反電子ニュートリノ」とは何かという説明は略しますが、それは「電子ニュートリノ」の反粒子で、こういう時に生まれるものです。余談ですが、なぜこれを「陽電子ニュートリノ」と呼ばないのかという鋭い質問を研究者に浴びせている将来有望な子供を見かけたことがあります。）

しかし、中性子よりも陽子が重いと、このような崩壊は起きなくなります。中性子という原材料から、中性子よりも重い陽子を作りだすことができないからです。

明日からはその代わり、陽子が不安定になり、壊れて中性子と陽電子と電子ニュートリノを生みだす反応が可能になります。すると水素原子の原子核は次々と中性子に変わり、その際に生じた陽電子が電子と対消滅し、後には中性子とニュートリノと高エネルギーのガンマ線が残ります。どれほどの高エネルギーかというと、温度に換算して100億℃ほどです。

eが2倍になり、陽子の静電エネルギーが質量を0.14%以上増やすならば、十数分で宇宙の物質の70%が中性子に崩壊し、全ては100億℃の高温で蒸発して、高温中性子ガスと化す可能性があります。あらゆる恒星も惑星も消し飛びます。宇宙を満たす水素が全部核燃料となって核爆発を起こしたかのようなありさまとなるでしょう。

### それでも生命は誕生できるだろうか

突然eが2倍になると、宇宙が大爆発という結論になりました。もちろん宇宙の生命は全滅でしょう。極超大絶滅です。

基礎物理定数が変わるような大変動が起きたら、生き延びる生命はないでしょうが、基礎物理定数の異なる宇宙に生命が発生できるか、というのは興味ある問題です。

eの値が突然変わるのではなく、宇宙の始まりから2倍だったならば、その宇宙はどのような発展を遂げるでしょうか。生命の存在は許されるでしょうか。

先ほど、宇宙の物質の70%は水素だと述べました。その水素はどこから来たかというと、宇宙の始まりビッグ・バンの際に作られた陽子から来ました。

ビッグ・バンの際には中性子も一緒に作られたのです

が、不安定な中性子はビッグ・バンから十数分で崩壊しました。現在、宇宙を漂っている（ビッグ・バン由来の）中性子はありません。

けれどもｅが2倍の宇宙では、ビッグ・バンから十数分で崩壊するのは陽子の方です。中性子は残るので、宇宙の物質のほとんどは中性子、少々ヘリウムということになるでしょう。中性子が大量にあって水素原子がない、というのがｅが2倍の宇宙のスタートです。

生命にとって都合が悪いのは、そのような宇宙では水が足りないことです。水分子は水素原子と酸素原子が結合したもので、水素原子がなければ水分子は存在しません。また水素原子がなければ、生命に必要だと私たちが信じている多くの物質が作れません。

そのような宇宙では、私たちにお馴染みの水素に代わって、「重水素」が、水をはじめとする多くの化合物の原料となるでしょう。重水素は、原子核が陽子1個と中性子1個からなる原子で、これはｅが2倍の宇宙でもおそらく安定です。普通の水素原子とやや性質が違いますが、生命の材料としては役に立つでしょう。

したがって、そのような宇宙で生命を育むには、まず宇宙空間の中性子が集まって恒星を作る必要があるでしょう。恒星内部の中性子の核融合反応によって重水素を供給するのが、生命誕生への一歩となるでしょう。

（私たちの恒星内部では、作られた重水素原子核はすぐヘリウム原子核になってしまい、重水素を多量には供給できません。しかしｅが2倍の宇宙では、中性子どうしの融合反応は比較的低温でも起きる一方、重水素原子核どうしは電気力で強く反発し合い、簡単にはヘリウム原子核にはならないだろうと予想します。が、このあたりはもっと精密な議論が必要でしょう。)

しかし、そもそもそのような宇宙では、中性子のガスが集まって本当に恒星を作れるのでしょうか。中性子ガスは電磁波の放射効率が低いので、うまく重力エネルギーを熱として捨てられず、凝縮できないということはないでしょうか。

また中性子ガスは流体としてどんな振る舞いをするのでしょう。核融合が起きたとして、その熱は恒星表面までちゃんと輸送されて放射されるでしょうか。中性子からなる恒星は、あるいは核融合で輝く時期を経ず、いきなり重力崩壊を起こして中性子星に変化する可能性はないでしょうか。

疑問はいくらでもでてきますが、まあ大丈夫でしょう。生命はしぶといものです。基礎物理定数が精密に調整されていない宇宙でも、なんとか発生する方法を見つけることでしょう。

# 第4章 プランク定数hで量子力学がわかる

## ラスボス・プランク定数h

本書では基礎物理定数を次々と紹介してきましたが、ここでとうとうプランク定数hの登場です。

これは真打というかラスボスというか、中でも最も難解で手強い定数です。光速や重力定数や電子の電荷の大きさは、どんな量を測った値なのか、名前からなんとなく見当がつきますが、プランク定数には取りつく島もありません。さらに説明を聞いても、なんだかさっぱりわかった気になりません。

プランク定数はミクロの世界で活躍する基礎物理定数です。

私たちを取り巻く物質は全て、原子や分子や素粒子といったミクロな物体からできています。そのため、ミクロな物体の物理法則である量子力学は、私たちの周囲の物質や、私たち自身を構成する生体分子の性質を決め、さらには宇宙全体の構造までも支配しています。

ミクロの世界では、光は光子という粒として振る舞い、エネルギーは不連続に変化し、もう何もかもが、物体の状態さえもが、飛び飛びになりカクカクと変わります。ミクロの世界のそうした非常識な振る舞いを説明する物理学を「量子力学」といいます。

プランク定数hの難しさは、量子力学に由来するのです。

## プランク定数は考案者にも謎の定数だった

1900年というキリのいい年、ドイツはベルリン大学教授のマックス・カール・エルンスト・ルードヴィヒ・プランク（1858-1947）は、高温の物体から放射される光について考察をめぐらしていました。

白熱電球の白熱するフィラメントや炭火や太陽といった高温の物体は、温度に応じて赤や白の光を放ちます。フィラメントや炭や太陽に限らず、不透明な物体は何であれ、高温に熱すると同様に光ります。わざわざ高温に熱しなくても、中温でも低温でも、なんなら極超低温であっても、物体はそれなりの電磁波を放射します。

人体も例外ではなく、電磁波を放射していますが、人体程度の温度だと可視光線ではなく赤外線が多くなります。

これを「黒体放射」と呼ぶということは、光速の章でちらっと説明しましたが、別に覚えなくてもかまわないとも述べましたので、別に覚えていなくてもかまいません。

黒体放射は温度によって振動数や強度が決まるので、黒体放射を測ることによって太陽や人体の温度がわかります。2022年現在、町中のそこかしこに非接触型の体温測定装置が設置され、通行人の体温を頼みもしないのに判定してくれますが、あれはこの原理を利用しています。

しかしプランクがこの問題に取り組んだ時には、黒体放射を表わす完全な式はありませんでした。知られていたのは、物体から放射される光のうち振動数の低いものだけしか説明できない式や、高い振動数にしか当てはまらない式でした。

プランクはそれまでの式を組み合わせ、どんな振動数でもどんな温度でもばっちり正しく表わせる式を考えだします。こうして、100年以上のちに、町中に体温測定装置が乱立する下地が作られました。プランクのおかげです。

こうしてできたプランクの式には、見慣れない定数が含まれていました。光の振動数をエネルギーに変換する定数で、最新の値だと $h = 6.62607015 \times 10^{-34}$ J《ジュール》 s です。

これが人類とプランク定数の出会いです。

そしてここから、プランク定数とはいったい何を表わしている定数なのか、という人類の思索が始まります。量子力学は完成していないので、その思索は今もなお続けられているといえます。

## 光の性質は振動数で決まる

光の振動数をエネルギーに変換するとはどういうことでしょうか。

光の性質は振動数という数値で決まります。例えば赤色の光は1秒に400兆回ほど振動します。言い換えると振動数は400兆Hz《ヘルツ》です。また例えば紫の光の振動数はおよそ800兆Hzです。いずれもめちゃくちゃたくさん振動しています。

光というものは、絶えず振動しながら光速で飛び回っているのです。

この振動数をプランク定数と掛け合わせると、あるエネルギーに相当する値になります。赤の光の場合だと3

$\times 10^{-19}$ Jという、あるんだかないんだかわからないくらい小さなエネルギーです。

この小さなエネルギーは、いったい何を表わしているのでしょうか。

## 物体が光を放出する最小単位?

実はプランク本人も、自分の考案した黒体放射の式を眺め、そこに含まれるプランク定数が何を意味するのか、あれこれ頭をひねりました。

自分の導き出した（しかも自分の名がついている）定数が、何を意味しているのかわからずに、頭をひねるなんてことがあるのでしょうか。それが自然科学ではしばしばあります。自然を観察して、それがある式に当てはまることを見つけたものの、どうしてその式になるのかわからない、なぜその定数が使われているのかわからない、というような状況です。その式や定数は、それまで知られていなかった未知の物理法則の表われかもしれません。この時がまさしくそういう状況でした。

そしてプランクが頭をひねった末に到達した解釈は、これは物体が光を放出する最小単位じゃないかなあ、というものでした。

フィラメントや炭や太陽や人体といった、黒体放射する物体は、つまり光を表面から放っています。その表面は細かく見ると、フィラメントならタングステン原子、炭なら炭素原子、太陽なら水素のプラズマ、つまり陽子と電子からなります。人体は酸素原子や水素原子や炭素原子などからなる複雑な高分子です。

それらの原子や分子や陽子や電子は、せっせと光を放出して黒体放射に寄与しています。黒体放射には赤い光も紫の光も赤外線も含まれるので、さまざまな振動数の光が混じりあってでてきます。

プランクの考えでは、例えばそのうちの1個の原子が赤い光をだす際には、あるまとまった量のエネルギーをぽんとだします。そのまとまった量というのが、プランク定数で決まるエネルギーだというのです。赤色の光をだす際にはぽんと$3\times10^{-19}$ Jの光をだし、それより少ない量をだすことはありません。またそれより多い量をだす場合には、2倍や3倍といった整数倍のエネルギーを放出します。1.5倍や3.141592倍だすことはありません。

プランクは、このエネルギーの最小単位を「エネルギー量子」と呼びました。

赤い光のエネルギー量子は赤の振動数とプランク定数をかけたものです。紫や赤外線のエネルギー量子は、それぞれの振動数とプランク定数をかけて得られます。

ただしエネルギー量子は現在ではあまり人気のある用語ではありません。この後すぐにアインシュタインが「光子」という概念に置き換えます。

## そもそも量子とはいったい何か

さて本書の主人公といってもいいくらいたびたび登場するアインシュタインがまたもや登場です。

軽く復習すると、プランクが黒体放射の式をひねくり出した1900年から5年後の「奇跡の年」、スイス特許庁に勤める若者アインシュタインは、ノーベル賞級の論文を立て続けに5篇発表しました。その中の、「光量子仮説」についての1篇は、実際にアインシュタインにノーベル物理学賞をもたらしちゃいました。(光速の章では、奇跡の論文の中から相対論を紹介しましたが、本章では残りのうち、量子力学を生みだした光量子仮説を取り上げます。)

光量子仮説とは、光が粒、つまり光子の集まりだというアイデアです。じゃあ「光子仮説」と呼べばいいのでは、と思われるかもしれませんが、1905年にはまだ「光子《フオトン》」という単語は存在しませんでした。

ここで「量子《クアンタム》」という単語についてごく簡単に解説しますと、かつては、光やエネルギーや音や角運動量といった物理量は、強さや大きさが連続的に変えられる、つまりどんな強さや大きさにもできると思われていましたが、実はこれらはいずれも最小単位があって、その1倍や2倍や3倍や5倍といった整数倍の強さや大きさにしかできないことが、プランクやアインシュタインや他のみなさんのおかげでだんだんわかってきました。

それがミクロの世界のルールのようです。この世はそういうふうにできているのです。

そしてそういう光やエネルギーや音や角運動量の最小単位は「量子」と格好よく呼ばれます。光の量子は「光子」というさらに格好よい特別な名前で呼ばれます。光やエネルギーや音や角運動量などが量子からなるとしてあつかう物理学が「量子力学」です。
量子力学以外の物理学はそれに対して「古典物理学」と呼ばれます。が、別に古いわけではありません。(例えば相対論は比較的新しい物理学理論ですが、量子力学を用いないので古典物理学に分類されます。)

ところでここで光やエネルギーと一緒にしれっと音が並んでいますが、音にもそういう最小単位があるのでしょうか。音もまた粒の集まりで、「音子」などと呼ばれていたりするのでしょうか。
はい、音も実は粒子の集まりとみなすことができ、音の粒子の1個よりも弱い音や小さい音は作れません。(音の粒子は「フォノン」と呼ばれることが多く、「音子」という単語はなぜか定着しませんでした。) スピーカやイヤフォンから音楽を流す時、歌ったりしゃべったりする時、膨大な数のフォノンが放出され、耳に飛び込んで鼓膜を震わすのです。

ところでここで光やエネルギーと一緒にしれっと「角運動量」なるものが並んでいますが、これはいったい何者でしょうか。
これについては説明を後回しにさせてください。角運動量とは古典物理学では物体の回転の「勢い」を表わす量ですが、量子力学において角運動量の果たす役割は、古典物理学からは想像もつかない、奇妙奇天烈で真に量子力学らしいものです。

## プランク定数は光子1個のエネルギーを表わす

さてアインシュタインと光子の話です。

アインシュタインは、プランクの黒体放射の式や、光電効果という別の現象を考察し、光は粒が集まってできていると解釈すれば全部うまく説明できると気づきました。高温の物体が黒体放射する時、表面からは無数の光子が飛び出しているのです。金属が光を吸収して光電効果が起きる時、1個の光子が1個の金属原子に吸収されるのです。原子から光が放出されたり逆に吸収される時には、光子1個がぽんと飛び出たりすぽっと呑み込まれたりするのです。

光子の1個は、プランクの考えたエネルギー量子と同じく、振動数にプランク定数をかけたエネルギーを持ちます。

このエネルギーは極めて微弱なので、ろうそくの炎のような暗い光源も、膨大な数の光子を放出しています。計算すると、1秒に数京個の光子です。

ここで、謎めいたプランク定数の使用法が一つ判明しました。プランク定数は光子1個のエネルギーを表わすのです。赤や緑やX線の光子のエネルギーを求めるには、赤や緑やX線の振動数とプランク定数をかければいいのです。

光が光子という粒の集まりだというアインシュタインのアイデアは、古くからあるものであり、かつ、人々にそんな莫迦《ばか》なと思わせるものでした。

「光は波か粒子か」問題は、古来好んで取り上げられる科学のテーマでした。光は「回折《かいせつ》」や「干渉」といった、波特有の現象を示すので、どうも波のようだと考えられるようになりました。19世紀に電磁気学が進展し、光の正体が電磁波だとわかると、よっぽどのへそ曲がりでない限り、光が波であることは疑えなくなりました。

ところが20世紀が明けると、アインシュタインが今さら光は粒子だと言いだしました。(他の人間と同じようには絶対に考えない、世紀のへそ曲がりです。)

しかし、光が粒子だとすると、これまで積み上げられてきた波の証拠はどうなるのでしょうか。粒子なのにどうして回折したり干渉したり、電磁気学の波動方程式にしたがって振動したりするのでしょう。アインシュタインの奇説を知った人は誰もがそう感じました。

現在の理解では、光子も電子も他の素粒子も原子も、ミクロな粒子は一切合切、波の性質と粒の性質を兼ね備えます。そればかりか、原子や分子が組み合わさったもっと大きな物体も、条件を整えてやると波の性質を示すと考えられています(が、これを確かめる実験は非常に難しいです)。

## ニュートン力学に合わない原子の振る舞い

光子も電子も他の素粒子も、ミクロな粒子はどいつもこいつも、波の性質と粒の性質を兼ね備えます。それを手がかりに、人類はミクロの世界の物理法則を解き明かし、量子力学を生みだしました。

量子力学の成功と成果を語り尽くそうとすると、20

世紀以降の物理学を全部説明する羽目になります。原子の構造の解明に始まり、分子の形状や反応を計算する量子化学、素粒子物理学、固体物理学とその応用である半導体素子とその応用である電子機器、原子核物理と原子力、レーザー光学……その華々しいリストは延々と続きます。とても紹介しきれません。

なのでここでは、量子力学の最初の成果である原子構造について取り上げましょう。現在の理解に沿って説明するので、必ずしも当時の考えや順序のとおりではありません。

原子は万物を構成する基本的な微粒子です。その構造の解明は、20世紀初めの研究者の重大な関心ごとでした。

電子の電荷eの章でもちらりと述べましたが、実験によってだんだんわかってきた原子の構造は、なんだかそれ以前の古典物理学に反する、理解しがたいものでした。

原子は、プラスの電荷を持つ原子核と、それにつきまとう、マイナスの電荷を持つ電子からなります。たったそれだけの部品からできているのに、その振る舞いはなんとも予想外です。

古典物理学に慣れた人なら、ここですぐに思いつくのは、太陽を周回する惑星のように、あるいは地球を周回する人工衛星のように、原子核を周回する電子の姿でしょう。(思いつかなくても問題ないです。)

しかし（古典物理学の一つの）電磁気学をちょっとここに当てはめるとすぐにわかるのは、そのような構造は一瞬にして崩壊し、電子は原子核に落ち込んでしまうということです。古典物理学では、原子が安定して存在することをうまく説明できません。

また古典物理学のもう一つの予想は、原子核を周回する電子の軌道は連続的に存在するだろう、というものです。つまり、ある軌道上の電子のエネルギーが1だとすると、エネルギーがちょっぴり違う1.1の軌道も隣接して存在し、さらにエネルギーが1.21の軌道や1.09の軌道も近くにあり、エネルギーがどんな値の軌道も存在するだろう、というのが、古典の中の古典、ニュートン力学の教科書に書いてあることです。

けれどもこういう、人工衛星の軌道のような予想は、原子には当てはまりません。エネルギーが1の軌道の「となり」には、エネルギーが2の軌道があり、そのとなりには3の軌道が並びます。しかし、エネルギーが1.1の軌道や1.21の軌道や1.09の軌道は許されないのです。数学の用語を使うと、電子の軌道は連続的ではなく「離散的」なのです。

これはいったいどういうことでしょう。惑星や人工衛星のイメージは、原子に通用しないようです。

### 行列力学と波動力学が相次いで誕生

当時、デンマークのコペンハーゲン大で助手をしていたドイツ人ヴェルナー・カール・ハイゼンベルク(1901-1976)は、原子というミクロの存在に、惑星だとか(当時は存在しない)人工衛星といったイメージやモデルを押し付けてはいかん、という思想を持っていました。原子をイメージやモデルで表わそうとすると、かえってミクロの世界特有の法則が理解できなくなってしまう、というのです。

ではどうやってミクロの物理を理解すればいいかというと、観測値だけを使うべし、というのがハイゼンベルクの方針でした。例えば原子から放射される光子のエネルギーは観測値なので使っていいことになります。

ハイゼンベルクはそういう潔癖な方針に基づいて観測値をあれこれひねくり回し、観測値と観測値の関係が「行列」という数学で記述できることを見つけました。花粉症のためヘルゴランド島で療養している時だと伝えられます。

こうして1925年、ハイゼンベルクはマックス・ボルン（1882-1970）とパスクアル・ジョルダン（1902-1980）との連名で「行列力学」を発表しました。

この行列力学は、確かに原子の性質を予測することができるので、なんだか正しそうです。しかしそれで原子はどうなっているのかというイメージを呼び起こすことが難しく、数学的にも少々あつかいにくいものでした。(あつかいにくいといっても、その後量子力学に使われる数学はどんどん難解になるので、それに比べれば行列力学は小学校の算数も同然なのですが。)

一方そのころオーストリアでは、エルヴィン・シュレディンガー（1887-1961）が、電子が波でもあるとはどういうことなのか考えた末に、電子のしたがう「波動方程式」、別名「シュレディンガー方程式」を考案します。1926年、「波動力学」の誕生です。行列力学の誕生日とたった7カ月しか違いません。

波動力学においては、原子と電子のイメージを思い描くことが行列力学よりは簡単です。またシュレディンガーは、原子モデルに頼ってはいけないなどと堅苦しいことを言いません。ハイゼンベルクほど高潔でない世の研究者と学生はほっとして、原子核を周回する電子のイメージをノートの隅に落書きしました。

シュレディンガーの波動力学と、ハイゼンベルクの行列力学は、用いている数学表現は違うものの、どちらも本質的に同じ内容です。現在の量子力学の教科書には、この二つのうち使いやすい部分をつまみ食いした内容が載っています。問題に応じて行列と波動方程式を使い分けて解くのが現代の学生です。

## 音や地震や重力波の波動関数が表わすもの

シュレディンガーの波動方程式は何の方程式なのでしょうか。それは電子の何を表わすのでしょうか。

波動方程式とその解である「波動関数」についての説明は（ここまでも抽象的でしたが一層）抽象的で難解です。みなさんについてきていただけるか、書いていて不安になります。

音とか光とか地震とか重力波といった波、つまり波動は、「波動関数」と呼ばれる関数で表わすことができます。

例えば音という波動は空気の振動が伝わっていくものです。太鼓を叩くと、周囲の気圧がわずかに変動し、その変動が遠方へ伝わります。太鼓を叩いてから0.01秒後には3m離れたところで気圧が0.01気圧高まり、さらに0.01秒後には逆に0.01気圧低くなり……という具合に、時刻と位置によって気圧がさまざまな値をとります。言い換えると、気圧は時刻と位置の関数となります。この関数が音の波動関数です。この波動関数は、太鼓を叩いた場合に空気がいつどこでどう震えるかをもれなく教えてくれます。

波動関数は、波動方程式と呼ばれる方程式の解です。方程式にはx＝3といった数値が解として得られるものもありますが、波動方程式のように関数が解となるものもあるのです。

そして一つの波動方程式から得られる波動関数は、無数にあるのが普通です。太鼓を叩く音とギターを爪弾く音は違い、それぞれ別の波動関数で表わされます。ピアノ、ホルン、歌声、自然の音から人工音、騒音、あらゆる音に対応して、それぞれ違う波動関数が存在します。そして全ての波動関数は、音の波動方程式を満たす解です。

音の波動関数は気圧の変化を表わしますが、光の波動関数は、時刻と位置によって電場と磁場がどう変化するかを表わします。そして光の波動関数は光の波動方程式の解です。

同様に、地震の波動関数は地面の振動を表わし、地震の波動方程式の解として得られます。重力波の波動関数は時空の歪みを表わし、重力波の波動方程式の解です。波というものは波動関数で表わされ、波動方程式を満たすのです。

### 電子の波動関数は何を表わしているのか?

さてここまでが前置きです。

それではシュレディンガーが見つけた電子の波動関数は、いったい何の波を表わすのでしょうか。いったい何が伝わったり振動したりしているのでしょうか。

実はシュレディンガー自身も、波動方程式を考えついたものの、それが何の波動なのかわかりませんでした。(プランク定数が何を意味しているのか考えたプランクのエピソードが思い起こされます。こうして量子力学を建設した人々は、ミクロな物理法則の意味するところを一つ一つ手探りで解釈していかなければならなかったのです。)

この意味は、(行列力学をハイゼンベルクと共同で発表した) マックス・ボルンが即座に言い当ててみせました。電子の波動関数は電子の存在確率を表わすという「確率解釈」です。

波動関数 (の絶対値の2乗) は、電子の存在する確率を表わします。波動関数が大きくなっている地点は、そこに電子が存在する確率が高く、小さい地点は確率が低いのです。

ボルンはこの功績で1954年にノーベル物理学賞を受

賞します。

（ちなみにハイゼンベルクもシュレディンガーもプランクも、量子力学に貢献した研究者は軒並みノーベル物理学賞を受賞しているのですが、これまでの登場人物のうち、ジョルダンだけは受賞していません。ジョルダンがナチスの思想に共鳴し、突撃隊に入隊したことが、ノーベル賞の理念に反するとみなされたのでしょうか。）

確率解釈によって、量子力学がそれ以前の物理学や科学と根本から異なる体系であることが決定的になりました。

量子力学は観測結果を確率で予測するのです。

このことはあまりに衝撃的で、これを受け入れられない研究者も多くいました。アインシュタインもその一人です。量子力学を学ぶ人は誰もがこの衝撃を経験しなければなりません。

こうして、1925年から1926年にかけてのほんの1、2年のうちに、量子力学の枠組みができあがったのです。

## 波動関数の確率解釈とは

なにしろ量子力学の原理は、「ミクロな物体の物理量は測ってみなければ何がでるかわからない」という頼りないものなので、説明されてもなんだかわかった気にならず、煙《けむ》に巻かれた感じがつきまといます。煙に巻かれて息が苦しくなったら次の節に避難してください。

音の場合、音の波動関数は、室内のそこかしこの気圧を教えてくれます。ある位置の気圧を測定すると、波動関数の値どおりの測定結果がでます。当たり前ですね。

一方、電子の波動関数（の絶対値の２乗）は電子の存在確率を与えます。つまり、室内のそこかしこにその電子が存在する確率を教えます。（他にも色々情報を教えてくれますが、とりあえず確率について説明します。）

ある位置に、電子を検出する装置を置くと、そこに電子が「ある」または「ない」という結果が得られます。「ある」ことがわかれば電子の位置がわかるので、測定結果として電子の位置が得られることになります。（「ない」となると、他の場所にあることがわかるので、それなりに位置が得られます。）

波動関数（の絶対値）が大きいところではそこで電子が検出される確率が高く、小さいところでは検出される確率が低くなります。波動関数の値そのものが測定値として得られるわけではありません。

同じ波動関数を持つ電子を何個も用意して実験を繰り返すと、ある場所で電子を検出する確率、つまり電子の存在する確率が、だんだん求められます。そしてこれが波動関数（の絶対値の２乗）と一致することが確かめられるでしょう。

## 光速を超えてしまう「波動関数の収束」

音の場合、気圧を測定しても音の波動関数は変化しません。これも当たり前です。

ところが電子の場合、位置を測定することによって、波動関数が変化してしまいます。量子力学においては、

## 図4-1 電子の波動関数

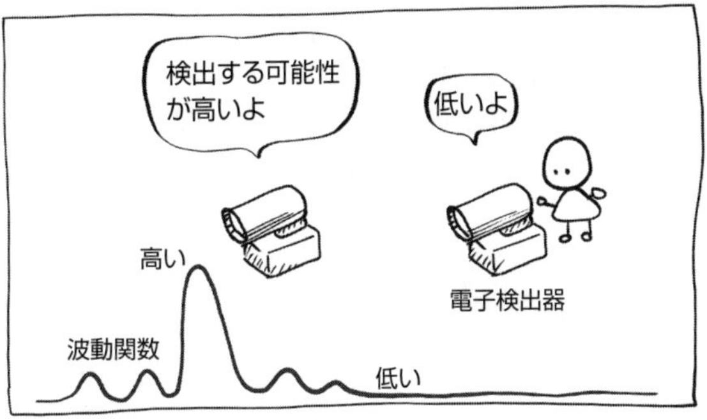


電子の波動関数(の絶対値の2乗)は、電子の存在する確率を表わす。

電子の位置を測定すると、波動関数が収束する。

観測する行為が、観測されるものの状態を変化させるのです。これを「波動関数の収束」と、ちょっと変わったいい方で呼びます。

測定前には、室内にぼやっと広がっているような波動関数でも、ある位置の検出器が電子をとらえたとたん、その位置で高い存在確率を与えるような波動関数に変わってしまいます。つまり、波動関数がそこの位置にぴゅっと収束します。

波動関数の収束は、古典物理学にはない量子力学特有のルールであり、古典物理学を超越する現象です。波動関数が室内いっぱいに広がっていても、そしてたとえその部屋の間取りが数光年もある天文学的な（家賃の）ものであっても、ある位置で電子を検出すると、広がっていた波動関数は即座にぴゅっと収束します。その「速さ」は光速を超えます。

## 観測問題が腑に落ちる、一つの解釈

波動関数のこうした非常識な振る舞いは、波動関数が気圧や電磁場のような、何らかの物質の性質を表わすと考えると、全然理解できずに頭をかきむしることになります。

「波動関数はどうして観測すると収束するのか」という謎は「観測問題」と呼ばれ、量子力学が始まって以来ずっと議論されています。

観測問題はまだ解決していないのですが、「波動関数は観測者の知識を表わす」と解釈すると、まあそれならそういうことが起きても不思議はないかな、という気分になります。

どういうことかというと、電子が室内のどこにいるか全然予測できない状態は、部屋全体に広がった波動関数で表わされます。電子を検出器で検出すると、そこに電子があるという知識が得られますが、その知識は一点に収束した波動関数で表わされる、というわけです。その収束は観測者の側で起きるので、何かが光速を超えて移動するわけではありません。

波動関数は観測者の知識を表わすと考える人は、このところだんだん増えているようです。この考えというか解釈は、そのうち定説として、標準的な量子力学の教科書に記載されるようになるかもしれません。

## プランク定数はこの世の根本的な不確定性を表わす

さまざまな使い道があるプランク定数ですが、その2番目の使用方法です。

プランク定数はこの世の根本的な不確定性を表わします。

不確定性とは何でしょう。

量子力学は、ミクロな物体の位置やエネルギーや運動量といった物理量の測定結果を確率で予測します。したがって、測定してみると、大きな測定値が得られる可能性も、小さな測定値となる可能性もあり、測定値はある範囲に散らばります。測定値の散らばる範囲を「不確定性」と呼ぶのです。

ミクロな物体の状態によっては、不確定性が大きくなったり小さくなったりします。

例えば室内のどこかにあるミクロな物体の位置を測定するとします。量子力学に基づく予測では、その物体は壁からの距離が5 cm ～6 cm の範囲に見つかるだろう、ということなら、位置の不確定性は1 cm です。

一方その物体が別の状態にあって、壁から5 m ～6 m の範囲のどこかにあるだろうとしか予測できないなら、その物体の位置の不確定性は1 m ということになります。先ほどの100倍です。

また特殊な場合として、測定したら必ず5.25 cm のところに見つかる、という状態もありえます。この状態の物体を何個も用意して片っ端から測定すると、全て5.25 cm という結果にそろいます。この場合、不確定性はゼロです。

とはいっても、何かを測定すれば測るごとにちょっと違った値がでるのは、ミクロな物体に限りません。ガタつく測定装置を使ったり、目分量で目盛りを読む場合、そうなるのが当たり前でしょう。それのどこが量子力学的なのでしょうか。

そうしたマクロな不確定性は、測定装置や測定手法を改良すればどんどん小さくできます。

一方、量子力学的な不確定性は、ミクロな物体の状態によって決まるもので、どんなに測定装置や測定手法を改良しても、それより小さくできません。

## ハイゼンベルクの不確定性原理

またミクロな物体の不確定性には、もう一つ、日常私たちが遭遇する不確定性と本質的に異なるところがあります。それは二つの物理量を測定する場合の振る舞いです。

二つの物理量、例えば位置と運動量という組み合わせを選んで、それをミクロな物体について測定してみましょう。(物体の質量と速度をかけた量を「運動量」と呼び、運動する物体の「勢い」を表わすのに用います。)

すると、位置と運動量の不確定性は同時に小さくすることができないことがわかります。片方の不確定性が小さくなるように物体の状態を調整すると、もう片方の不確定性が大きくなってしまいます。

具体例（といっても相当抽象的な例）を挙げると、室内を漂うミクロな粒子に光を当て、その反射光をとらえることによって、粒子の位置を測定する実験を考えてみましょう。粒子の運動量は実験前に別の手法で測定済みとします。この実験で位置を精度よく測れば、運動量と位置が測定できたことになります。

しかし光というものは光子という粒の集合で、それぞれの光子は運動量を持ちます。強い光、つまり多量の光子を対象の粒子に当てると、衝突によってその運動量が変わってしまいます。この影響をなるべく小さくしたいので、用いる光子は1個のみとし、小さな運動量を持たせてそっと対象粒子に当てます。

この測定によって、対象粒子の運動量には、用いた光子の運動量程度の不確定性が生じます。(反射してきた光子の運動量を測定すると、どれほどの運動量を対象粒子に与えて返ってきたかがわかるのでは、と思われるかもしれません。しかし反射してきた光子の運動量を測定するとなると、今度はその光子の位置と運動量を同時に精度よく測定する問題が生じてしまい、結局この実験の結論は変わりません。)

さて反射されて返ってきた光子の位置を測定すると、対象粒子の位置がわかるわけですが、光子というものは波でもあり、波長を持つ存在です。波の位置は、原理的に、波長（波の谷から谷までの距離）よりも細かく測定できません。

したがって対象粒子の位置も、波長程度の精度でしか測定できません。結局、対象粒子の位置と運動量の測定結果には、用いる光子の波長と運動量程度の不確定性が生じます。不確定性はこれより小さくできません。

これは測定実験の一例ですが、他のどんな実験手法でも、ミクロな物体の位置と運動量は同時に正確に知ることができない、というのが量子力学の原理です。

この考察結果は、

「位置の不確定性と運動量の不確定性の積はプランク定数hよりも小さくできない」

と言い表わされます。これを「ハイゼンベルクの不確定性原理」といいます。1927年に（容易に推測できるとおり）ハイゼンベルクが提唱しました。

(ただし同時に小さくできるような組み合わせもあります。運動量と運動エネルギーなら両方とも不確定性を小さくできます。)

細かいことをいうと、本当はプランク定数を4πで割った値よりも小さくできないのですが、大した違いではないので気にしないことにします。どちらにしろ極めて小さな値であることに変わりありません。

## この世の画素の大きさがプランク定数h

不確定性だとか、ゆらぎなどというものは、日常ないがしろにされがちです。 政党支持率や新型ウイルスの感染者の割合、受験生の合格率といった測定値は、本来全て不確定性を持ちますが、いちいち言及されることもなければ、気にする人もほとんどいません。(不確定性やゆらぎや誤差に注意すると、実はメディアのつけた見出しと反対の実像が読み取れることもしばしばあるのですが。)

量子力学の解説が今ひとつピンとこないのは、不確定性のようななんだかどうでもいい印象のことがらを大事そうに議論しているから、というのがありそうです。なにしろ量子力学の大事な原理は「不確定性原理」と呼ばれるもので、大変細かい値がどうしても正確に決まらない、と主張するのです。これでは「それがどうかしたの」と聞き返したくなります。

不確定性原理は、この世界の持つ画素、あるいは解像度を表わしています。

ディスプレイに映しだされた画像は、一見なめらかで細かい特徴をも表示しているようですが、よくよく（虫眼鏡を使って）見れば、画素という小さな区画が集まってできていて、それより小さな構造は映しだすことができません。

現実の世界もディスプレイに似て、一見なめらかで連続的に思えますが、実はミクロな画素からできていて、それより細かい構造はどんな測定装置を使っても読み取れません。

そしてその画素の大きさがプランク定数hなのです。

## 角運動量は「離散的」

こうして人類の理解力にぐいぐい挑戦してくるのがプランク定数と量子力学です（が、それでもなんとか量子力学を操っているのが人類の頭脳のすごいところです）。その授業でわりと初めの方に登場して、そのわけのわからなさ、非常識さで初学者に衝撃を与える概念に「スピン」というものがあります。

スピンについて説明しようとすると、どの解説書も教師も歯切れが悪くなり、「自転のような……でも自転ではない」「右回りか左回りのどちらか……でも回転していない」「zが決まるとxが不確定に」など、全く意味の通らないことをもごもごつぶやきます。

しかしスピンは量子力学の基本にして最重要、また最先端でもあり、スピンを自在に操れれば昨今話題の「量子コンピュータ」とやらも実現しちゃいます。

スピンの不思議は人類の想像を絶しています。スピンの携える論理や情報は、私たちの見知った論理や情報と異なるのです。

マクロな力学では、回転する物体の「勢い」を「角運動量」という量で測ります。角運動量は、物体の回転速度が速いほど大きく、また物体の質量が大きいと角運動量も大きくなります。ここまでは直観に即していますね。

角運動量を測る単位は、kgやm/sを使って少々計算すると、「J s」と求まります。これはプランク定数の単位と同じです。そのため角運動量の大きさは「プランク定数の□□倍」と表わすことができます。

角運動量の単位とプランク定数の単位が同じなのは、おそらく偶然の一致ではなく、深遠な物理の表われと思われます。どういう深遠な物理なのか、今から見ていきます。

プランク定数は極端に微小な量なので、日常観察できる物体の角運動量をこのやり方で表わすと、極端に巨大な数値となります。人体がちょっと回って踊っただけで、プランク定数の$10^{34}$倍くらいになります。

もちろん少量の小さな物体が回るだけだと、角運動量は小さくなります。プランク定数の$10^{34}$倍などというとんでもない桁だったのが、分子や原子程度の小さな物体なら、だんだん手に負える程度の桁になっていきます。

そしてそうなると量子力学が介入してくるのです。

実は、角運動量という物理量は、どんな値であっても自由に連続的に存在できるわけではありません。物体の持つ角運動量は、必ずプランク定数（を4πで割った値）の整数倍でなければなりません。(「4πで割った値」は本質的でなく、いちいち記すのがわずらわしいので、以後略しますが、必要に応じて補ってお読みください。)「プランク定数の□□倍」と表わす時、「□□」には整数が入り、端数は入りません。

物体の角運動量（のある方向成分）は、ゼロになることもあれば、プランク定数に等しくなることもあれば、その2倍、3倍等々、整数倍になることもあります。しかし、プランク定数の0.5倍や1.1倍や3.14倍になることはありません。変化する時はプランク定数ごとに増えたり減ったりします。

つまり角運動量という物理量は「離散的」です。その量子、あるいは最小単位は、プランク定数です。

これは観測事実です。世の中はそういうふうにできているのです。

## 人類の想像を絶する概念「スピン」

そして初学者に頭をかきむしらせるミクロな角運動量の奇態な振る舞いはさらにエスカレートします。

電子という1個の粒もまた角運動量を持ちます。

1個のマクロな物体、例えば人体が角運動量を持つのは、ちょっと回ったり踊ったりした時です。自転した時といっていいでしょう。そこから類推して、電子もちょっと回ったり踊ったり自転して角運動量を獲得するのかな、と思いそうになります。

けれども電子の角運動量はマクロな物体の角運動量と決定的に違うところがあります。

電子の「自転」は止まることがありません。何らかの都合でいつもより多く回ることもありません。常に「自転」しっぱなしです。その角運動量の大きさはいつ測ってもプランク定数なのです。

ただし「自転」が右回りか左回りかという変化は生じます。1個の電子の角運動量を測ると、右回りで大きさがプランク定数という結果か、左回りで大きさがプランク定数という結果のどちらかが得られます。

電子の「自転」はマクロな物体の自転と性質が全然違うので、「スピン」と呼んで区別することにしましょう。(英語話者には「spinはそもそも自転の意味で……」と渋い顔をされそうですが、御容赦ください。) スピンという性質を持つのは電子だけではありません。陽子や中性子や光子など、ミクロな粒子の多くの種類がスピンを持ちます。スピンの大きさ、あるいは強さは、粒子の種類で決まっていて、陽子と中性子の場合は電子と同様にプランク定数と同じ値ですが、光子はその2倍です。

どの粒子も、止まることも余計に回ることもありません。右回りか左回りかは測定ごとに変わりますが、大きさはいつ測っても同じです。

こうして見ると、電子などのスピンを測った時に、右回りか左回りかの結果が得られるのは、粒子から得られる情報の最小単位ではないかという気がしてきます。

この世の情報の最小単位はプランク定数というわけで

す。

## 古典ビットと量子ビット

唐突に情報がでてきましたが、量子力学において情報は重要な研究対象です。量子力学は測定や観測についての物理学ですが、測定や観測とは、対象から情報を得る行為だからです。

私たちが身近なマクロ経験から得た非量子力学的な常識によると、情報の最小単位は1ビットです。量子力学でないことを古典というので、古典ビットと呼んでもいいかもしれません。が、あまり一般的な呼称ではありません。

何らかの質問に「はい」か「いいえ」で答える時、その答の持つ情報の量が1（古典）ビットです。「yes」か「no」の持つ情報量でもあり、「0」か「1」の持つ情報量といってもいいです。

質問に1回だけ「はい」か「いいえ」で答えるなら大した情報は送れませんが、何回も繰り返せば結構な量の情報を送れます。

例えば殺人事件の犯人を捕まえるために、目撃者に質問をするとしましょう。この証人はあらゆる質問に「はい」か「いいえ」でしか答えられません。（妙に癖の強い証人ですが、もっと不自然な設定の推理ものはたくさんあります。）

探偵は証人に「はい」か「いいえ」で答えられる質問を繰り返します。

「犯人は男ですか？」

図4-2 電子の「スピン」

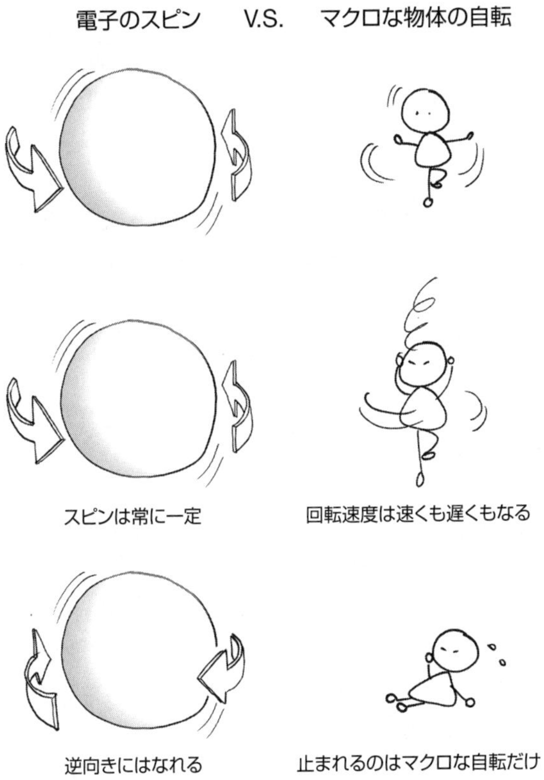
電子のスピン　V.S.　マクロな物体の自転
スピンは常に一定
回転速度は速くも遅くもなる
逆向きにはなれる
止まれるのはマクロな自転だけ

「30歳以上ですか？」
「中国人かインド人かアメリカ人かインドネシア人かパキスタン人かナイジェリア人ですか？」

……こうして質問を繰り返すと、容疑者の中から犯人が絞りこまれていきます。容疑者の半分が該当するような質問をすれば、証人の回答によって、容疑者を半分に減らせます。

最初に容疑者が80億人いたとしても、質問1回につき半数を釈放していくと、33回の質問が済むころには1人しか残りません。つまり33回の「はい」と「いいえ」があれば、80億人の容疑者の中から犯人を特定できます。

言い換えると、33ビットは、80億人の中から1人を特定できる情報量なのです。

(古典) 情報というものは、こういう調子でいくつかの古典ビットに換算できます。

みなさんが今読んでいるこの文章の1文字は16ビットに相当します。日本語はひらがなとカタカナと漢字と句読点などの記号の羅列ですが、数万種類の文字の中から1文字選ぶのに16ビットが必要なのです。(工夫するともっと少ないビット数で1文字を指定できます。)

本の1冊は約10万字と見積もると、その情報量は160万ビットです。パソコンやスマホなどが使っている通信回線は、典型的な速度が毎秒100万ビットくらいなので、筆者が数カ月から数年かかって叩きだす文章は数秒もあれば転送できます。そう考えると数秒ほど無常感を覚えます。

## 量子ビットで表現できる奇妙な情報

さて量子力学を使わない古典物理学で情報をいかにあつかってきたか、という話も大変興味深いのですが、ここでは全部割愛して、量子力学に話題をしぼります。

情報を物理現象から読み出す際、対象となる物体が小さいものほど、また数は少ないほど、情報も少なくなります。

すると、これより小さな粒子はないほど小さな素粒子である電子の、スピンが右回りか左回りかという情報は、情報の最小単位である1古典ビットに相当するのではないか、と思われるかもしれません。

どういうことかというと、コンピュータやその部品を小さくする技術は年々進歩していますが、その技術が極限まで進んで、記憶媒体として電子のスピンを利用し、それが右回りか左回りかで1古典ビットを表わす将来がくるのでは、というような想像をするかもしれません。

想像をするかもしれませんなどと誘導しておいて申し訳ありませんが、そうはなりません。なぜなら古典ビットと電子のスピンは担っている情報の性質が全然違うからです。

まず第一に、古典ビットは「はい」か「いいえ」の2通りの値しかとりませんが、スピンは右回りと左回りの重ね合わさった無数の状態を取ります。

重ね合わさった無数の状態とは、量子力学特有の現象ですが、右回りであると同時に左回りでもある状態です。いわば「はい」であると同時に「いいえ」でもある状態です。0であると同時に1でもある状態といえます。

もしもスピンをコンピュータの記憶媒体として使うと、このような奇妙な情報を表現することができます。スピンでなくても、何らかの量子力学的な基本状態を用いる装置なら、こうした情報を表現できます。

量子力学的な状態によって表現されるこのような情報は「量子ビット」と呼ばれ、おそらくこれがこの世の情報の真の最小単位と考えられています。

量子ビットは例えばシュレディンガーの猫を表現することができます。

シュレディンガーの猫とは、量子力学の不思議な効果を説明するために創作された、マクロなのに量子力学にしたがう猫です。箱の中に閉じ込められたシュレディンガーの猫は、死んでいる状態と生きている状態の重ね合わせの状態をとり、その生死は箱を開けて観察するまで決まりません。

量子ビットは、猫の生きている状態と死んでいる状態の重ね合わせ状態を記録し、計算することができます。(そんな猫を計算して何の役に立つのか疑問に思うかもしれません。)

さらに2個以上の量子ビットが組み合わさると、「量子もつれ」と呼ばれる、もっと複雑で非常識で美しい挙動を示します。

こうした量子ビットの振る舞いは、現在盛んに研究が進められています。量子ビットを用いる「量子コンピュータ」がもしも実現すれば、ある種の計算を高速でやってのけると考えられているからです。

ただし量子ビットと量子コンピュータの製作は、技術的に非常に難しく、役に立つレベルのものがもしも実現するとしても当分先のことになるだろう、という見方が大勢です。

## もしもプランク定数が大きかったら原子は巨大化する

プランク定数$h=6.62607015\times10^{-34}$ J《ジュール》 sは10の右肩に$-34$という数字がついています。この小ささは、私たちが見たり聞いたりできる日常的な物体の物理量とかけ離れています。ミクロな世界の物理法則と日常の物理法則が全然異なっているのは、一つにはこのためです。

この節からは、プランク定数の値を1000倍にして、明日から$h=6.62607015\times10^{-31}$ J sとしたら、いったいどんなことが起きるのか、どんな量子効果が見えてくるのか、考えてみます。

プランク定数hは原子や分子の構造を決めているので、1000倍のhのもとで、そういうミクロな物体の姿はすっかり変わってしまいます。

まず、原子や分子の大きさは100万倍となり、0.1ミリメートル程度に膨れあがります。

0.1ミリメートルなら目に見えそう、と思われるかもしれませんが、それはおそらく無理でしょう。

目で見るには光を当てないといけません。光は光子の集まりですが、hが1000倍になったため、それぞれの光子のエネルギーも1000倍になります。

一方、原子や分子が大きくなると、電子と原子核の距離が離れ、そうすると電子を原子に引き付ける電気力も弱くなります。大きくなった原子や分子は脆弱《ぜいじゃく》になり、ちょっと刺激を与えるだけで壊れてしまいます。

結局、0.1ミリメートル程度に膨れあがった原子や分子は、それより波長が短くてエネルギーの高い光子をぶつけられると壊れてしまうので、見ることはできないでしょう。

## 周期表は1000億番まで伸びる

原子や分子は結合が弱くなり、脆弱になりますが、その一方、原子の中心の原子核は極めて安定になります。原子核は陽子と中性子がくっつき合ってできていますが、そこで糊の役目をしている粒子が安定になり、糊の接着力が強くなるためです。ちょっとばかり位置の離れた陽子や中性子どうしも糊が効いてくっつきます。

周期表に並んでいる元素の原子核は、大きくて重いものほど不安定という傾向があります。そのため、原子番号が大きくて周期表の下の方にある元素は、不安定な放射性元素が多くなります。これは、原子核の中にたくさん陽子と中性子を詰め込むと、糊が効かなくなり、壊れやすくなるからです。

けれどもhが1000倍になると、陽子のたくさん詰まった、サイズの大きな原子も安定に存在できるようになります。

原子核のサイズも約1000倍まで大きくなれると大雑把に仮定しましょう。大きさが1000倍の原子核は体積が10億倍なので、陽子が1000億くらい収容できそうです。原子番号1000億くらいの元素が存在できるかもしれません。

そうなると元素の数が多すぎて、個々の元素の性質を調べたり分類したりすることは大変難しくなりそうです。なにしろその辺の土をちょっと集めても、そこには何億種類もの元素が含まれるのです。ドミトリー・メンデレーエフはおそらく周期表のアイデアにたどり着けないでしょう。

## 太陽質量の数万倍の巨星が輝く

大きくて重い原子核が安定に存在できるということは、原子核どうしの核融合がたやすく起きることを意味します。宇宙空間の希薄なガスが重力で集まって星を形成すると、わりと小さなガスの塊でも核融合反応が起きて、恒星になるでしょう。

私たちの知っている星の質量には限界があり、それより重い星は自らの重力で潰れてしまいます。そして中性子星やブラック・ホールといった極めて高密度の星を形成します。

しかしhが1000倍の宇宙では、太陽質量の数万倍くらいの星が潰れずに存在できるでしょう。私たちの宇宙ではブラック・ホールになるはずの、太陽よりもけた違いに重い星が、周期表からはみ出すほど原子番号の大きな元素を内部で合成しながら輝くでしょう。

プランク定数が大きくなると、原子核は融合する一方ではありません。「トンネル効果」という量子力学的効果が起きやすくなり、これは原子核を分解する向きにも働きます。

つまり、プランク定数が大きくなると、原子核の融合も分解も両方起きやすくなると思われます。原子核はしょっちゅうくっつき合ったり分裂したり変化したり反応したりするでしょう。

そういう宇宙では、頼りなくて脆弱な化学反応よりも、陽子や中性子を多数含む原子核による核反応の方が、多彩で複雑な反応を繰り広げているかもしれません。

全くの空想ですが、そういう宇宙で生命が発生するとしたら、分子の代わりに結合する原子核で体を作り、その生命活動は化学反応ではなく核反応で維持されているかもしれません。

## 世界の情報量が少なくなる

さてここまでの、hの値が原子や原子核におよぼす影響を読んで、なんだかeの章でもそんな話があったなあ、と思われたでしょうか。

原子や原子核の性質はeやhといったさまざまな基礎物理定数によって決まっているので、それらの値が変わったら、当然影響がでます。

しかしプランク定数のおよぼす影響は、原子や原子核や分子や光子の性質が変化することだけではありません。

プランク定数はこの世を記述する情報の最小単位、または画素の役割を果たす定数です。プランク定数が大きくなると、物体から引き出せる情報量が少なくなり、その状態は粗い解像度でしか表せなくなります。物体のとりうる状態の数が減る、ともいえます。

物体の取りうる状態の数とはいったい何のことでしょうか。

物体の例として、容器の中の気体を考えましょう。気体というものは無数の気体分子からなります。1Lほどの容器の中にも$10^{23}$個くらいの分子が含まれ、飛び交ったりぶつかったりてんでんばらばらに運動しています。

これらの気体分子の写真を撮るとしましょう。大変性能のよいカメラで、全ての分子の位置と速度（運動量）を記録できます。その写真には$10^{23}$個の気体分子が飛び交ったりぶつかったりしている状態が写っています。

続けてもう1枚撮影すると、それぞれの気体分子が位置と速度を変えた写真が撮れます。これは別の状態の写真です。

さらにもう1枚撮り、もう1枚撮り、……とどんどん何枚も写真を撮っていきます。この調子で何枚の異なる写真を撮ることができるでしょうか。

答は約10の「10の24乗」乗、つまり$10^{10^{24}}$枚です。異なる写真はこの枚数までしか撮れません。これが容器内の気体の状態の数です。

これは極めて膨大な枚数です。とはいえ、有限には違いありません。

それより多く撮影すると、これまでの$10^{10^{24}}$枚の写真のどれかと区別できない写真が撮れます。

なぜなら、分子の位置と速度（運動量）は、プランク定数という不確定性を持つからです。画素が大きく解像度の粗い写真では人物の見分けがつかないように、容器内の気体の状態はこれ以上区別できません。

これはカメラの性能による限界ではありません。容器内の気体が持つ性質です。この世界の画素はプランク定数のサイズを持つため、それより細かい違いは存在しないのです。

ここでもしも、hの値が1000倍に大きくなると、撮れる写真の枚数はがくんと減って、ほんの数えるほどになります。気体分子の取りうる状態の数が減り、気体が持つ情報が少なくなるのです。数学の言葉を使うと、hが大きくなると状態の数は「指数関数的」に減ります。(筆者も計算していてあまりの減りように驚きました。)情報量を抜き取られた気体は、もっと単純で予想可能な、規則正しい結晶になるでしょう。

世界の情報量が減って貧弱になると、どんな影響が現われるでしょう。もしかしたら、生命は活動できなくなるかもしれません。生命は絶えず情報(エントロピー)が流れては捨てられる環境で生命活動を維持しているからです。

筆者は生命という存在に信頼を置いていて、cやGやeの値が少々変わった宇宙でも、生命は利用できるものを利用してしぶとく生まれ育つだろうと楽観しているのですが、hだけはそういう具合にはいかないかも、などと想像しています。

いうまでもありませんが、cやGやeやhは、この宇宙を形作っている「基礎」なので、どれ一つでも変更があったら宇宙の姿は激変します。

中でもプランク定数hをいじるのはとりわけ危険と思われます。この値が変わったら、そもそも宇宙がビッグ・バンを経て生まれてくるかどうかが怪しくなります。

なぜなら、この宇宙の創世時には量子力学的効果がふんだんに使われたからです。(Gもまた、hと同じくらい危険でしょう。一方eやcなら、値が少々違っても、それなりの宇宙が誕生するような気がします。)

人類はプランク定数の真の意味をまだ理解していません。その影響を評価するのは少々早いかもしれません。

プランク定数の意味するところを知ろうとする人類の探求はまだ続きます。

# 第5章 物理の4大定数で単位が決まる

## 単位とは「物理定数の何倍であるか」を述べたもの

最後の章は単位、つまりメートルやキログラムや秒といった、物理量を測る物差しの話をしましょう。

実は、単位と物理定数は、切っても切れない深い関係があります。単位は本書のもう一つのテーマです。

どういう関係かというと、単位とは物理定数の一種なのです。

私たちがメートルで長さを表わす時には、「1 m」という物理定数の何倍かを示しているのです。質量を測る時には「1 kg」という物理定数の何倍であるかを、時間を測る時には「1 s」という物理定数の何倍であるかを述べているのです。

ただし、1 mや1 kgや1 sは、宇宙のどこでも共通の基礎物理定数ではありません。人間が勝手に決めた量です。

単位の歴史を振り返ってみると、人々が勝手気ままに決めていた単位は、次第に地球のどこでも通用する共通のものとなっていきました。基準もどこかの尺やおもりから、実験装置を用いる定義に変わっていきました。

この傾向から推測すると、将来は宇宙のよその知性と共通に使える単位が採用されるかもしれません。それはどんな単位でしょうか。想像するのも楽しいです。

## メートルの誕生

まずは長さという物理量を測る単位、メートルの誕生について述べていきましょう。

メートル法は、1790年、革命さなかのフランスで制定されました。旧体制《アンシャンレジーム》を打倒し、新しいシステムにとりかえようという機運が、政治のみならず科学の世界でも高まったのです。

長さの新しい単位は、足の長さや手の長さを基準にするのではなく、地球の子午線というグローバルで科学的な基準を用いることに決まりました。

フランス科学アカデミーの測量隊は、革命で揺れていたフランスを縦断して各地で測量を行ない、その結果を基に子午線の長さを求め、世界で最初の1 mの物差しを製作しました。白金で作られた堅牢で立派な、初代「メートル原器」です。メートル原器とともに、1 kgの分銅「キログラム原器」も同じ材質で製作されました。「原器」とは物差しの親玉です。他のあらゆる（メートル法の）物差しは原器を基準として、原器の複製として作られます。物差しの形が原器と似ている必要はありませんが、目盛りはそっくりに作らないといけません。

当時の科学の粋を集めて作り上げられたメートル原器と合理的で便利なメートル法は、長い月日と紆余曲折の後、世界に普及し、今ではほとんどの国と地域で用いられています。使われていないのは、アメリカなど一部の国や地域だけです。（アメリカ人も科学計算にはメートル法を用いていますが、一般には不便なヤード・ポンド法が主流です。）

メートル法がこのように普及するまでの道のりは決して平坦ではありませんでした。フランス革命後、気まぐれで短命な国家権力によってメートル法は疎《うと》まれたり無視されたりしました。世界の科学者がメートル法の便利さに気づき、およそ100年後に、メートル条約が結ばれて、国際的な商取引に使われる公式の単位系としてメートル法が採用されるまでの物語を語るには、そのための本が1冊必要です。

現在の測量機器を用いた精密な測定によると、地球の子午線の半分の長さはちょうど2万kmとはならず、3932 mほど長いようです。フランス科学アカデミーは子午線の長さを0.01966%ほど過小評価していました。当時の技術で誤差がたったこれだけとは、大変立派な仕事です。

メートルという長さの単位は、最初地球を基準に作られましたが、現在の定義は光速と深く関わることを、これから解説します。

## 測定技術の進歩に追い詰められるメートル原器

ここで、光速の測定の歴史に立ち返りましょう。

1887年のマイケルソンとモーレーの測定実験は、地球の速度がもしも光速を変化させるなら、それを検出できるはずでした。地球が太陽を周回する速度は光速の1万分の1ほどなので、誤差が1万分の1以下の測定といってよいでしょう。

1905年にアインシュタインが特殊相対論を発表し、光速が極めて重要な物理定数だとわかり、光速の測定実験はますます盛んになりました。

光速測定の技術は年々進歩し、原子時計が発明され、レーザーが発明され、時間や長さや速度は極々精密に測れるようになりました。測定の誤差は10万分の1になり、100万分の1になり、どこまでも小さくなっていきます。技術の進歩を「極めて」だとか「極々」だとかいった副詞で説明していると、だんだん語彙が足りなくなってきます。

こうやって測定技術が何段階も革新され、メートル原器の製作者が想定しなかったほどの精度になると、メートル原器はもう長さの基準として物足りなくなってきました。

フランス革命とともに誕生した初代メートル原器は100年近く使われ、1889年に国際メートル原器にバトンタッチしました。次の走者国際メートル原器はフランスだけのものではなく、「メートル条約」に加盟する全ての国の基準になりました。

メートル条約は、単位としてメートルやキログラムや秒といった「国際単位系」を使おう、という国際的な取り決めです。この条約に加盟する国が資金と人を出している「国際《こくさい》度量衡局《どりようこうきよく》」という国際組織は、国際単位系を定めたり、改良したり、測定技術を研究したりしています。

国際度量衡局によって製作された国際メートル原器は金属の棒で、そこに間隔1 m で目盛りが刻んであります。つまりこれは1 m の物差しの親玉です。この目盛りは0.01 mm の精度で初代メートル原器と一致しているというから立派な仕事です。

しかしいくら立派な仕事でも、現代的な超精密測定にはやはり敵《かな》いません。超精密な測定装置の目には、金属棒に刻んだ目盛りは、線幅や歪みやでこぼこがはっきり見え、まるでグラウンドに石灰で引いた白線も同然です。

超精密な長さ測定装置というものは、技術は高度ですが、やはり物差しの一種なので、測定結果が国際メートル原器と一致しなければいけません。言い換えると、超精密な長さ測定装置で国際メートル原器を測定すると、きっかり1ｍという結果がでないといけません。

ところが超精密な長さ測定装置は、原器の刻み目の線幅や歪みまでわかってしまいます。そうなるとその歪んだ線幅のどこを測って1ｍとすればいいのか、測り方に曖昧さが生じます。測定装置は超精密でも、メートル原器という基準が曖昧なので、精確に測れない、という事態になるのです。

## 新しいメートル原器に採用された「光速」

こうして、超精密な測定技術に見合った超精密なメートルの定義が必要となりました。

1960年、国際度量衡局（の上部組織の国際度量衡総会）はメートルの定義をクリプトン原子から放射される光の波長に基づくものに変更し、国際メートル原器を解任しました。この定義は1983年にもう一度変更され、光速を用いるものになりました。

現在のメートルの定義は、

光が1秒に進む行程の299792458分の1

というものです。

光速は299792458 m/s なので、光をよーいドンで1秒間走らせると2億9979万2458 m 進みます。この距離を2億9979万2458分割すると、1 m の長さの物差しが得られるという原理です。(物差し工場に30万 km のグラウンドを備えて1本物差しを作るたびに光を走らせる、という必要はなく、もっとスマートな手法でこの定義に合致した1 m をだせます。)

この定義は、原器のような特定の物体を使用せず、光速という物理定数に基づいてメートルを定めています。いわば、新しいメートル原器として光速を採用したことになります。

このように物理定数に基づいて単位を定義すると、色々便利です。まず、どこの実験室でも再現可能になるので、パリのメートル原器と比べなくても、実験室で物差しや測定装置に目盛りをふることができます。火星や月でも精確な物差しが作れるのです。

また、将来さらに測定技術が進歩しても、それに合わせて定義を改定する必要がありません。優れた測定装置ができたら、光速はそれに見合った精度の原器として働きます。光速という原器が時代遅れになる心配は当分ありません。

例えば、15桁の精度で長さを測定する装置ができたなら、光が1秒間に走った距離をそれで測定すると、299792458.000000 m という答をだすはずです。ださなければだすように装置の目盛りを調整します。そうなるように調整された目盛りは「較正《こうせい》された」といいます。(最近は「校正」とも書きます。）こうして較正された装置を使って身長を測れば、メートルの定義にしたがう測定が精度よくできるというわけです。

また、ここまで読んできたみなさんにはおわかりと思いますが、光速という物理定数は実験室自体が運動していても変化しません。単位の基準にこれほどぴったりなものは他にないでしょう。

このようにメートルを定義するということは、光速をきっかり299792458 m/sと定義するということです。

光速の章では光速測定の歴史を紹介し、ガリレオからフィゾーへ、マイケルソンとモーレーへ、ランプからレーザーへと測定技術が進歩し、誤差が徐々に小さくなっていく様子を描写してきました。

しかしここにおいて、光速は定義値となりました。「光速という未知の値を求める」努力はもう必要ありません。

ただしもちろん、測定技術の進歩はこれからも続きます。

光速が定義値となった時代の時間や距離や速度の測定技術は、光速を測って299792458 m/sとどれほど精度よく一致するかを競うのです。

## 時間の単位「秒」の定義

さて光速を使ったメートルの定義は、1秒間光を走らせて、その行程を分割するというものです。これを精確に行なうには、精確に1秒を測る時計が必要です。ストップウォッチと30万kmのグラウンドを用意してこの定義どおりの実験を実行しなくても、この定義に合致した1 mをだすことはできますが、いずれにせよ精確な時計は必要です。

ここで国際度量衡局の定める国際単位の一つ、時間の単位「秒」について紹介しましょう。

みなさんご存じのとおり、1日は24時間、1時間は60分、1分は60秒です。したがって1日は86400秒ですが、これは覚えておくと計算の役に立つことがたまにあります。

1日とは正午から日が沈んで昇ってまた正午になるまでの時間で、つまり地球という物体の自転（と公転）で定まっているので、1日を86400分割した1秒という時間は、地球を原器として決まっているといえます。

けれども計時技術が進歩して、1日の長さをミリ秒の精度、つまり誤差1億分の1以内で測れるようになると、地球の自転速度が一定ではないことがわかってしまいました。地球の質量分布にちょっぴり変化があると、自転速度がちょっぴり変わるのです。スケートのスピンで、腕を伸ばしたり縮めたりするとスピン速度が変わるのと同じ原理です。

地球の質量分布を変える原因はいくつかあります。例えばプレートの移動です。東日本大震災の際、日本列島の位置は東に60 cmほどずれました。

また気候の変動によって表面が凍ったり融けたりする

と、水や氷の分布が変わります。これも質量分布をわずかに変えます。

こうなると、地球の自転に頼らない秒の定義が欲しくなります。

現在の1秒の定義を簡略化して書くと、

セシウム133という原子から放射される電波の周期の9192631770倍

というものです。

難解に見えるかもしれませんが、これは原子時計の仕組みに基づく定義です。原子時計というものは原子から放射される電波を利用して時間を測るので、この指示にばっちりしたがう原子時計を作れるのです。

そしてこの定義によって、地球という原器も同時に引退しました。地球は1個しかありませんが、セシウム133という原子は宇宙のたぶんどこにでもあります。こうして秒は宇宙のどこでも再現できる単位になりました。

このように、メートルの定義も時間の定義も、測定技術が進歩するとそれに合わせて改定されてきました。

## 「秒」を変えるかもしれない光格子時計

現在の秒の定義は半世紀以上使われていますが、将来これが改定されることがあるでしょうか。もしもこれまでの原子時計の精度を大幅に凌駕《りようが》する画期的な計時技術が出現すれば、それに合わせて改定されるかもしれません。

そういう画期的技術の一つが、香取秀俊東大教授(1964-) の開発した「光格子《ひかりこうし》時計」です。

これまで使われてきた原子時計は、1個の原子を使い、そこからの放射を利用するものでした。それに対して、光格子時計は原子の集団を一度に使い、その放射の平均を利用するものです。これによって、$10^{-18}$という極めて優れた誤差が達成されています。これは、宇宙の始まりから現在までずっと光格子時計を動かし続けても1秒も狂わない精度、と説明されます。(「単一イオントラップ」という別の技術でも同程度かこれを上回る精度がでています。)

これまで述べてきたように、新しい測定技術は、新しい科学を可能にし、新しい知識をもたらします。光格子時計が今後もたらす成果に期待しましょう。

## キログラム原器の後釜は「プランク定数」

次はキログラムの定義にも物理定数が関わっているという話題です。国際度量衡局は時おり定義の改定を行ないます。 2019年に行なわれた改定はかなり大きな変更で、キログラムを含めたいくつもの単位や定数の定義が変わりました。

それ以前は、キログラムの定義は「国際キログラム原器の質量」とされていたのですが、この改定以降は

1 kgは、プランク定数hを正確に$h = 6.62607015 \times 10^{-34}$ J sと定めることによって設定される

ことになりました。さあ我らがプランク定数の登場です。

しかしこれはいったいどういう定義なのでしょうか。

キログラム原器はパリの国際度量衡局に大事に保管されている立派なおもりでした。(今でも保管されています。) この質量が1 kgだというのも、世界中の秤の目盛りがこのおもりに基づいて刻まれたのも、理解できます。

ところがこの新定義は一読して意味がわかりません。プランク定数がどうやったらキログラム原器の代わりになるのでしょうか。プランク定数の重さでも測るのでしょうか。(惜しいですが違います。プランク定数が入ってくると何もかも混乱します。)

## プランク定数でどうやって質量を測るのか?

この定義は、キログラムという単位を定めていますが、それとともにプランク定数の値をも決めています。

この改定以前には、プランク定数というものは測定されて求められる物理量で、世界中の実験室でこれを精度よく測定するための努力がなされていました。

しかし2019年のキログラムの改定以降は、プランク定数は$6.62607015 \times 10^{-34}$ J sと、測るまでもなく決まっています。

ではそれ以前に心血と予算を注いで作られてきたプランク定数の測定装置は全てお役御免のお払い箱かというと、もちろんそんなことはありません。キログラムの改定前後で、測定装置の使い方が次のように変わるのです。

プランク定数を測定する装置に「ワット・バランス」

と呼ばれるものがあります。これはある量子力学効果を実験する装置で、その実験結果の予想値はプランク定数を用いて計算されます。その予想値と、得られた測定結果を照らし合わせると、プランク定数の実際の値が求められるという原理でした。

2019年の改定以降は、プランク定数が定義値になったので、ワット・バランスの実験結果はプランク定数の定義値に一致しないといけません。もしもずれた値がでるようなら、装置を微調整し、メータの目盛りを（計算機上で）付け直し、きっかりプランク定数の定義値がでるようにします。つまり較正します。

さてワット・バランスという装置は、少々手を加えると、物の重さを測ることができます。(装置の名前「バランス（秤)」はここに由来します。）プランク定数がきっかり定義値となるように調整されたワット・バランスで物の質量を測ると、これは「プランク定数hを正確に$h=6.62607015\times10^{-34}$ Jsと定めることによって設定」された秤で質量を測ったことになるのです。

ただし、キログラムの定義には「ワット・バランスを使うべし」とは書かれていません。今後測定技術がさらに進歩して、ワット・バランスより優れた測定装置が現われても、現在の定義はそのまま使えます。

それにしても、2019年の単位の改定はかなり過激です。これまで100年以上にわたって質量の基準として使われてきた国際キログラム原器を廃し、プランク定数というよくわからない基礎物理定数を代わりに据え、しかもその定義の内容は、質量の測り方を具体的に指定することなく、「プランク定数を決めておくからこれに合わせて各自よろしくやってね」という乱暴なものです。

実験室でワット・バランスをいじる研究者や、量子力学やプランク定数と聞くとワクワクしてくる人ならこれでもいいかもしれませんが、そうではない人（たぶん人類の過半数）にとって、このキログラムの定義は難解に過ぎるでしょう。これでは、キログラムという単位を日常使うのに、それがどうやって決まっているのかわからない人が大勢でてしまいます。いわば、キログラムに疎外された人々です。

キログラムの定義値はこのままでいいとしても、せめて文面を変えて、もう少し初学者にもとっつきやすい定義文にするのはどうでしょう。

## メートルとキログラムと秒で力学の単位は全部作れる

キログラムの改定により、これでメートル、秒、キログラムという三つの「基本単位」が物理定数によって定義されることになりました。もうどこにも原器は使われていません。

三つの定義をもう一度書いておくと、

- 1 m は光が 1 秒に進む行程の 299792458 分の 1
- 1秒はセシウム 133 の原子から放射される電波の周期の9192631770倍
- 1 kg は、プランク定数 h を正確に $h = 6.62607015 \times 10^{-34}$ J s と定めることによって設定されるというものです。

「基本単位」とは、他の単位を組み立てる元となる単位です。これら基本単位を組み合わせると、色々な物理量を測る単位が作れます。

小学校では、メートル m とメートル m をかけると平方メートル $m^2$ という面積の単位が作れると習います。もう1回メートルをかけると立方メートル $m^3$ となって、体積の単位です。質量を体積で割った量を密度といいますが、この単位は、質量の単位 kg を体積の単位 $m^3$ で割った $kg/m^3$ です。

距離を時間で割ると速さですが、この単位はメートルを秒で割った m/s です。さらに秒で割ると加速度の単位 $m/s^2$ が得られます。これに質量をかけると $kg\ m/s^2$ となり、これは力の単位です。

このようにして、メートルとキログラムと秒からは、無限にたくさんの単位を作りだすことができます。特に力学に登場する単位は全てまかなえます。

さらに、電気に関する基本単位をもう一つ付け加えると、電磁気学に登場する単位も組み立てられます。国際度量衡局は電磁気を代表する単位としてアンペア A を採用しています。ここではとりあえず電磁気の話はおいておきます。

これら三つの基本単位は、長さと質量と時間という三つの物理量を測ります。

メートルとキログラムと秒で力学の単位を全部作れる

ということは、力学が長さと質量と時間をあつかう体系だということを意味します。そして力学は結構広い範囲を説明できる体系なので、私たちが日頃測ったりあつかったりする物理量のほとんどは、長さと質量と時間という物理量の組み合わせに過ぎないことがわかります。

さらに、光速の章で説明したように、時間は光速cをかけると長さで表わせるので、実は長さと質量の二つの単位だけで力学の単位は事足ります。

（ここで、温度という単位も組み立てられるのか疑問に思うかもしれません。国際度量衡局は温度の基本単位としてケルビンKを定めています。が、実は温度もメートルとキログラムと秒で表わすことができます。「気温は20℃」という代わりに「気温は$4.0\times10^{-21}$ kg $m^2/s^2$」といってよいのです。）

## 基本単位の3メンバーはチェンジ可能

メートルとキログラムと秒という三つの基本単位は、なにしろ他の単位の「基本」だし、定義が与えられているし、ずいぶん特別あつかいされています。

しかし基本の物理量がこの三つ組でなければならないということはなく、別の物理量の単位で置き換えても、全く同様に無数の単位を組み立てることができます。

例えばメートルと秒とパスカルPaという三つの単位を基本単位にしてみると、何が起きるか考えてみましょう。パスカルは圧力の単位で、圧力というのは力を面積で割った物理量です。

力は圧力に面積をかけたものなので、パスカルを使って力を測る単位を表わすと Pa $\mathrm{m}^2$ となります。これが「メートル・パスカル・秒単位系」における、力の組み立て単位です。

一方、メートルと秒はこの新単位系でもそのまま使えるので、加速度の単位は $\mathrm{m/s}^2$ で変更ありません。そして質量というものは、加速するのにどれほど力が必要かを表わす物理量なので、力を加速度で割って Pa m $\mathrm{s}^2$ がこの単位系における質量の単位ということになります。

こうして、メートル・パスカル・秒単位系においても、メートル・キログラム・秒単位系と同様に、無数の豊富な単位を供給できることがわかります。

独立な三つの基本単位があれば、それを組み合わせてさまざまな単位を作り、単位系を構成することができるのです。

また、基本単位の大きさは変えても差し支えありません。

例えば長さの単位として、メートルに代えて尺を採用することができます。1尺は $\frac{10}{33}$ m と定められていて、これは約30.3 cm です。

すると面積は尺$^2$、速さは尺/s、力は kg 尺/$\mathrm{s}^2$ という単位で測ることになり、「尺・キログラム・秒単位系」とでも呼ぶべき単位系ができあがります。これはやはりあらゆる物理量を測る単位を提供してくれます。

ちなみに1尺$=\frac{10}{33}$ m は明治時代の法律「度量衡法」

で定義されています。1885年、明治政府はメートル条約に加入し、「単位の確立と国際的な普及」という目的にしたがって1891年に度量衡法という国内法を作り、単位を整備したのです。そのため、尺や貫といった日本の伝統的な単位はメートル法に基づいて定義されているといえます。

話がそれましたが、力学の単位系というものは、基本単位の三つ組から構成されますが、その三つ組は長さと質量と時間でなくてもよいし、また大きさが違っていてもかまわないのです。

### 洗練された究極の単位系「自然単位系」

さてこれで単位系の作り方がわかったので、それを応用してさらに洗練された単位系を考えることができます。

三つ組の基本単位として、光速c、重力定数G、プランク定数hを用いる単位系です。(電磁気の単位にはもちろん電子の電荷の大きさeを使います。) これまでにでてきた基礎物理定数が勢揃いです。光速・重力定数・プランク定数単位系とは呼ばずに「自然単位系」といいます。(世間に流布している自然単位系には、プランク定数をそのまま使うのではなく、これを2πで割った値を使う流儀もありますが、大した違いではないので気にしないことにします。)

この単位系の長さの単位は

$$\sqrt{\frac{Gh}{c^3}} \fallingdotseq 4 \times 10^{-35}\,\mathrm{m}$$

です。「プランク長さ」という呼び名がついています。

……これはとてつもなく短い長さです。(「短い長さ」という表現はなんだか矛盾した語感があって、書いていて不安になります。) 原子の大きさよりも原子核よりも短いです。身長をこの単位で測ると、約$5 \times 10^{34}$プランク長さとなります。なんと35桁です。

時間の単位は、プランク長さというとてつもなく短い長さを光速で飛ぶのに要する時間で、

$$\sqrt{\frac{Gh}{c^5}} \fallingdotseq 1 \times 10^{-43}\,\mathrm{s}$$

です。「プランク時間」と呼ばれます。

……これはさらにとんでもなく短い時間です。1秒をこの単位で表わすと、$10^{43}$プランク時間となります。一方、宇宙が始まってから現在までを秒で測ると、$10^{18}$秒にもなりません。プランク時間と1秒の間には、1秒と宇宙年齢の間よりも莫大な開きがあるのです。

三つ目の質量の単位は

$$\sqrt{\frac{ch}{G}} \fallingdotseq 0.05\,\mathrm{mg}$$

です。予想がつくと思いますが「プランク質量」と呼ばれます。

……これはなんだかちょっと日常的な数値がでてきま

した。水たまりの中の微生物くらいの質量です。体重50 kgをこの単位で表わすと約10億プランク質量です。プランク長さとプランク時間の非日常性に比べると、ずっとましです。

この三つの基本単位から構成される単位系は、どこかの保管庫にしまわれた原器も、地球という特殊な物体も、定義に用いていません。宇宙のどこに行っても誰に対しても通じる、これ以上ユニバーサルなものはないというくらい普遍的な単位系です。宇宙人と取引する際に採用されることは間違いないでしょう。

## 使いにくい自然単位系が宇宙の謎を解き明かす

しかしこの洗練されすぎた単位系は、日常的に使うにははなはだ不便です。ペットボトル飲料の体積も、待ち合わせの時刻も、豚バラ肉の質量も、この単位系で表わすと何十桁も必要です。歴史に残るどんなハイパーインフレもこれほど多くのゼロを要しません。

では日頃の物理学の計算に役立つかというと、そうでもありません。

例えば原子の大きさをこの単位で測ると20桁以上になってしまいます。原子でさえ、この単位系には大きすぎるのです。そのため、たいていの物理学分野でもこのような単位系は持て余します。

それならいったいこの単位系はどこで役立つのでしょうか。(そもそもどうしてそんな話を始めたのでしょう。)

この自然単位系が使いにくい理由は、天体現象に現われる重力定数と、ミクロな現象を支配するプランク定数をともに含むからです。この二つを同時に議論するような学問分野は、あまり多くありません。

宇宙物理学と量子重力理論はそういう数少ない学問分野の例です。特に後者はこの単位系の習熟が必須です。

量子重力理論とは、重力の理論である一般相対論と、ミクロの物理法則である量子力学を統合する理論ですが、まだ完成していません。100年近く努力が続けられ、各世代の最優秀の頭脳がこれに取り組んできましたが、今のところいくつか仮説が提唱されている段階です。

量子重力理論は完成していませんが、既存の理論が使えなくなる場面でこの理論が必要だということはわかっています。(100年前、原子の構造を説明するのに、それまでの理論が使えなかった件が思い起こされます。)

例えば、宇宙の始まりの瞬間です。宇宙は最初プランク長さほどの大きさで、プランク時間程度の短時間で成長を始めたと考えられています。この過程は現在の量子力学では記述できません。

また例えば、ブラック・ホールの中心です。そこでは空間の「曲率」や「エネルギー密度」といったさまざまな物理量が無限大に発散し、既存の理論が破綻することが知られています。

私たちの量子力学は、ブラック・ホールの「表面」でも破綻します。ブラック・ホールからは「ホーキング放射」と呼ばれる謎めいた光が放たれていることを、スティーヴン・ホーキング(1942-2018)が量子力学をちょちょっと応用して見つけたのですが、この放射過程からは量子力学の根本的な矛盾が導かれるのです。

量子重力理論は、こういう問題を片っ端から解決してくれると期待されています。そしてそこでは自然単位系が大活躍することも確実です。

もう少し待てば、人類が自然単位系を真に使いこなす日が来るかもしれません。

# あとがき
# ――基礎物理定数は基礎でないかもしれないという話

## cとGとeとhの描きだす宇宙

さてここまで本書をお読みのみなさんは、光速c、重力定数G、電子の電荷の大きさe、プランク定数hという基礎物理定数と、もう友達も同然に親しくなったことと思います。(結局さほど仲良くなれなかったかたもいるかもしれませんが。)

人類と親しくなった基礎物理定数は、宇宙がどうしてこのような姿なのかを教えてくれます。(まだ全てを打ち明けてくれたわけではありません。)

光速cは、時間というものが距離に置き換えられること、時間をメートルなどの距離の単位で測ってもかまわないこと、距離は光の旅する年月で測れることを教えてくれます。

光速cは運動している観測者にとっても変わりません。なぜなら運動は「相対的」で、どの観測者も平等だからです。そしてこの平等を保証するため、時間も距離も、運動している観測者にとってはぐにゃぐにゃと伸び縮みします。宇宙と光速cはそこまでして平等が保たれるように気を使っています。

重力定数Gが人類と知り合った時には、惑星は清浄な真空の中を整然と運行し、宇宙の姿は精密な時計のようで、過去も未来もどこまでも計算できそうに思えました。

ところが重力定数Gを手がかりに人類が宇宙の真の姿を明らかにしてみると、そこでは時間がひょろひょろ空間はうねうね歪み、真空はダーク・マターだとか暗黒エネルギーといったおどろおどろしい名前の存在に満ちていました。そして宇宙は138億年前に大爆発とともに始まって、現在も広がりつつあるのだといいます。精密な時計のような宇宙は台無しです。

宇宙の姿を正しく描くためには、電磁気学の知識も必要です。物体の間に力が働くのを見かけたら、重力でなければ、電気の力か磁気の力と思っても、だいたい合っています。

しかし電磁気学という体系は、電気の正体が電子という微小な粒の膨大な集合だということが、明らかでないうちに完成してしまいました。それゆえ、電子の電荷の大きさeを知っても、ほとんど電磁気学の役には立たないのです。それどころか電子の電荷がマイナスなことにかえって混乱させられたりします。

けれども電子というものは、人類の発見した素粒子第1号です。電子について知ることは、素粒子について、素粒子を支配する物理法則について知ることです。

そしてeは、多くの素粒子の電荷に共通する値であり、素粒子を理解する鍵でした。(ただし今でも、どうして素粒子の電荷がどれもこれもeなのかは、よくわかっていないのですが。)電子をきっかけに人類は、この宇宙を構成する要素である素粒子について、知識を深めていくことになったのです。

電子や光子といった素粒子や、原子・分子など、ミクロな物体を支配する物理法則が量子力学でした。ミクロな物体の物理法則が、マクロな物体の法則と違うことを、最初に人類に思い知らせたのがプランク定数でした。

それ以来、プランク定数の意味するところを探る人類の試行錯誤は続き、今でも終わっていません。

プランク定数が介入すると、波のはずの光は光子という粒になり、連続的な値をとることが疑われもしなかったエネルギーや角運動量などの物理量は、次々と量子となって、不連続的にがくがくがたがた変化します。人類はそれまでの常識の通用しない世界を、赤ん坊のように手探りで理解しなければなりませんでした。

量子力学は成功し、化学、原子力、レーザー、コンピュータなど多くの応用を生みだしました。宇宙物理学も量子力学なしには成立しません。宇宙がどうして始まったのか、その最初の瞬間はまだ人類の理解がおよびませんが、その解明には量子力学と重力理論が不可欠だということは固く信じられています。

こうして宇宙の姿はｃとＧとｅとｈによって描かれてきました。

## この宇宙を形作るその他の基礎物理定数

もちろん基礎物理定数はｃとＧとｅとｈ以外にもあ

ります。cとGとeとhの組み合わせだけで、どんな物理量も計算できるわけではありません。

例えば素粒子は「カラー」あるいは「色荷」と呼ばれる物理量を帯びています。これはどういうものでしょうか。

電子などの素粒子は電荷を持ち、その大きさがeでした。電子に電磁気力が働く時には、電子の持つ電荷に力が働き、その強さはeを用いて計算されます。

一方、素粒子の間に働く力には「強い（核）力」という（妙な名前の）力もあります。強い核力は原子核のサイズくらいの距離までしか届かないので、原子核の中で主に働きます。原子核を安定に（ものによっては不安定に）存在させるために、なくてはならない重要な力です。

強い核力はカラーに働きます。素粒子に強い核力が働く時には、素粒子の持つカラーに働き、強さもカラーで計算できます。

そして素粒子が持つカラーの大きさは、素粒子が持つ電荷の大きさeと同様に、基礎物理定数です。

この宇宙に存在する「もの」のうち、観察できる天体はほとんどが（ダーク・マターでも暗黒エネルギーでもなく）原子でできています。その原子の中心の原子核は、eよりもむしろカラーで性質が決まっています。

観察できるあらゆる天体の性質を決めているのだから、素粒子の持つカラーは大変重要な基礎物理定数といえるでしょう。

また例えば、素粒子の中には「ニュートリノ」という大変軽いものもあります。あまりに軽いため、いまだに質量の測定に成功していない素粒子です。

ニュートリノには「電子ニュートリノ」「ミュー・ニュートリノ」「タウ・ニュートリノ」の3種類がありますが、ニュートリノはその3種類が微妙に混じった状態で存在します。

全くわけのわからない、混乱したことを述べているようですが、混乱しているのは自然の方です。なぜそんな具合になっているのかわかりませんが、宇宙はそのようにできているのです。

この混じり具合は「混合角」などと呼ばれる物理量で表わされますが、この混合角もまた基礎物理定数といってもいいでしょう。

このように、宇宙を形作る基礎物理定数はいくつもあります。それらの精妙な調合によって、この豊かで複雑な宇宙ができています。もしもこれらの定数が違う値だったら、とつい想像してしまいます。

## 物理定数の値が異なる宇宙がある!?

ｅの章でも触れましたが、ある種の奇妙な理論は、物理定数の異なる宇宙が存在すると主張します。

この宇宙は138億年前にビッグ・バンで誕生しました。そしてｃやＧやｅやｈの値によって決まる過程を経て、現在のような姿になりました。

このビッグ・バンがどうして生じたのかは、いまだに答のない未解決問題です。仮説がいくつか提唱されています。

そうした仮説の中には、この宇宙が、親となる別の宇宙から分岐して生まれてきたと説明するものがあります。そういう子宇宙はこの宇宙の他に無数にあるといいます。

さらに奇抜な主張ですが、それぞれの子宇宙はそれぞれの物理定数を持つという研究者もいます。

そういう物理定数の異なる宇宙どうしは、互いに影響をおよぼすことも交流することもできず、そのため観察もできません。存在を確かめることもできません。

実験や観察で示すことのできない存在を議論することは、果たしてそもそも科学の営みといえるのか、なんだか確信が持てませんが、ともあれ大変魅力的な奇想です。

本書では、ｃやＧやｅやｈの値がもしも変わったらどんな現象が生じるか、という議論をしました。これはｃやＧやｅやｈがどのような影響を持っているかを理解するための工夫でしたが、そうした奇抜な宇宙論が正しいなら、まさしく本書で想像したような宇宙がどこかにあるのでしょうか。

研究者の間で意見が完全に一致しているわけではありませんが、そういう物理定数の異なる宇宙ではどの物理定数が異なるかというと、素粒子の電荷、カラー、質量、混合角などが異なる可能性があるといいます。つまりｅは、よその宇宙では（もしあるなら）別の値になっているかもしれません。

けれども、Ｇやｈの値まで変えると、親宇宙から子宇宙が発生する仕組みまでが変わる可能性があって、理論として収拾がつかなくなりそうです。

そうするとやはり、基礎物理定数の中でもGやh、それからcは、どの宇宙でも同じだろう、という気がします（が、断定はできません）。

そうした別の宇宙でも生命が発生し知性を育んでいるならば、やはりcとGとeとhを考察し、本書と同様の議論を経て、これらが宇宙をそのように形作る基礎だと結論していることでしょう。そして彼ら彼女ら（あるいはそれに相当する存在ら）の、cとGとeとhをめぐる営みも、時にはおかしく時には不条理で、そして時には感動的な物語だろうかと思うのです。

こうして物理定数から宇宙の姿とそこに暮らす人間たちの営みを描きだすのは楽しい作業でした。お付き合いいただきありがとうございます。

それではまた、次の本、別の機会にお会いしましょう。

2022年7月

小谷太郎

内容の誤りなどを指摘していただいた、いのうえとーるさん、
r28さん、高村誠之博士にお礼申し上げます。

本書は、幻冬舎plus（https://www.gentosha.jp）にて
2020年12月～2022年7月の間に連載したものです。
書籍化にあたって加筆修正をしました。

## 著者略歴

### 小谷太郎《こたにたろう》

博士(理学)。専門は宇宙物理学と観測装置開発。
1967年、東京都生まれ。東京大学理学部物理学科卒業。
理化学研究所、NASAゴダード宇宙飛行センター、東京工業大学、
早稲田大学などの研究員を経て国際基督教大学ほかで教鞭を執るかたわら、
科学のおもしろさを一般に広く伝える著作活動を展開している。
『宇宙はどこまでわかっているのか』『言ってはいけない宇宙論』
『理系の「なぜ?」がわかる本』『なぜ科学者は平気でウソをつくのか』
など著書多数。

幻冬舎新書 659

物理の4大定数
宇宙を支配するc、G、e、h

2022年7月25日　第1刷発行

著者 小谷太郎
発行人 見城 徹
編集人 小木田順子
編集者 前田香織

発行所 株式会社 幻冬舎
〒151-0051 東京都渋谷区千駄ヶ谷4-9-7
電話 03-5411-6211(編集)
03-5411-6222(営業)
公式HP：https://www.gentosha.co.jp/

ブックデザイン 鈴木成一デザイン室

印刷・製本所 株式会社 光邦

GENTOSHA


Printed in Japan　ISBN978-4-344-98661-9 C0295
こ-21-4

＊この本に関するご意見・ご感想は、
下記アンケートフォームからお寄せください。
https://www.gentosha.co.jp/e/